Cálculo Fraccionario y *k*-Funciones Especiales

Cálculo Fraccionario y k-Funciones Especiales

Rubén A. Cerutti

Gustavo A. Dorrego

Luciano L. Luque

Diseño de Tapa: Luciano Luque
Edición: Los autores
Producción Gráfica: Luciano Luque

Email: editorialuniversitas@yahoo.com.ar

Cerutti, Rubén Alejandro
Cálculo fraccionario y k-funciones especiales / Rubén Alejandro Cerutti ; Gustavo Abel Dorrego ; Luciano Leonardo Luque. - 1a ed . - Córdoba : Universitas Córdoba, 2020.
130 p. ; 25 x 17 cm.

ISBN 978-987-4029-13-3

1. Matemática. 2. Cálculo. I. Dorrego, Gustavo Abel II. Luque, Luciano Leonardo III. Título
CDD 515.4

Hecho el depósito que marca la ley 11.723.

Rubén A. Cerutti
Departamento de Matemática
Facultad de Ciencias Exactas y Naturales y Agrimensura
Universidad Nacional del Nordeste
Argentina

Facultad de Humanidades
Universidad Nacional de Formosa
Argentina

Gustavo A. Dorrego
Departamento de Matemática
Facultad de Ciencias Exactas y Naturales y Agrimensura
Universidad Nacional del Nordeste
Argentina

Facultad de Humanidades
Universidad Nacional de Formosa
Argentina

Luciano L. Luque
Departamento de Matemática
Facultad de Ciencias Exactas y Naturales y Agrimensura
Universidad Nacional del Nordeste
Argentina

Índice general

Prefacio

El libro está dirigido principalmente a los interesados en los dos campos de la Matemática que aparecen en su nombre, el de las funciones especiales y el del Cálculo Fraccionario, y dentro de ellos en cierto tipo de generalizaciones obtenidas en los últimos diez años.

Las llamadas funciones especiales, por su directa relación con el Cálculo Fraccionario, en décadas recientes fueron el objeto de estudio de un gran número de investigaciones, hecho que se vió reflejado en la cantidad de trabajos publicados, tanto en forma de papers con resultados originales, como de revisiones sobre el tema o de libros. Por su parte, ya en las últimas tres décadas del siglo XX y hasta el presente, el Cálculo Fraccionario experimentó gran desarrollo motivado, principalmente, por el creciente número de campos de la ciencia y de la ingeniería en los que encuentra aplicaciones. Para ver ésto, basta tomar el trabajo de Debnath [12] y los más recientes de Tenreiro Machado [53] y Li [31] y las referencias citadas en ellos.

Parafraseando a Davis [11], uno de los problemas de extensión de significado que atrajo la atención de los matemáticos de los siglos XVII y XVIII fue la interpolación. Se planteaba así el siguiente problema: que dada la sucesión de los números naturales $\{n\}_{n\in\mathbb{N}_0}$ y asociada a ella una sucesión de factoriales $\{n!\}_{n\in\mathbb{N}_0}$ que puede ser considerada como una función definida sobre $\mathbb{N}_0$, cómo encontrar una función "razonablemente simple" definida sobre los reales no negativos y tal que en los naturales tome el valor del factorial. Esa cuestión, fue el origen de la función Gamma, que como dice Lebedev [30] es "una función de las más simples y más importantes de las funciones especiales, de las que el conocimiento de sus propiedades es un prerequisito para el estudio de otras funciones especiales".

Señala también Davis otro problema que a nosotros nos interesa y que según su opinión "resultó más difícil". Es sabido que Leibnitz fue quien introdujo la notación d^n par indicar la operación de diferenciación iterada n-veces. También, que fue L'Hopital quien le preguntó que sucedería si n fuera reemplazado por $\frac{1}{2}$. La respuesta dada por Leibnitz marca, puede así decirse, el inicio de lo que conocemos con el nombre de Cálculo Fraccionario.

Este libro está concebido a partir de una serie de artículos nuestros, publicados todos en revistas con arbitraje, que tratan sobre nuevas funciones especiales llamadas k-funciones especiales y sobre nuevos operadores integrales y de derivación fraccionarios llamados k-integrales y k-derivadas respectivamente. A nuestros resultados hemos agregados algunos de otros autores que, o han trabajado basándose en los nuestros, o bien han seguido un desarrollo análogo.

Capítulo 1

Introducción

1.1. La función Gamma

En lo que sigue, sin pretender exponer el desarrollo histórico de la función Gamma desde sus orígenes hasta nuestro siglo, señalaremos algunos puntos interesantes desde la formulación original de Euler, pasando por expresiones debidas a Gauss y a Legendre hasta llegar a la llamada función k-Gamma formulada recientemente.

La primera definición con la que cualquier estudiante de ciencias o ingeniería se encuentra, paradógicamente, no es la de Euler. En efecto, la más usual es la dada por la siguiente integral

$$\Gamma(x) = \int_0^\infty e^{-t} t^{x-1} dt, \quad x > -1, \tag{1.1}$$

expresión que es debida a Legendre, obtenida a partir de otra que fue dada por Euler; quien, buscando resolver el problema de obtener una interpolación continua de una serie discreta, trabajó con un producto infinito para interpolar la función factorial $n!$, (cf. [11] y [29])

$$\frac{1.2^n}{1+n} . \frac{2^{1-n}3^n}{2+n} . \frac{3^{1-n}4^n}{3+n} . \frac{4^{1-n}5^n}{4+n} ... = n! \tag{1.2}$$

para $n \in \mathbb{N}$.

Escrito en notación convencional, se tiene que

$$\lim_{m \to \infty} \frac{m!(m+1)^n}{(n+1)(n+2)...(n+m)} = n! \tag{1.3}$$

No obstante haber obtenido este resultado, señala Davis (cf. [11]) que Euler continuó sus investigaciones sobre el tema y en 1738 presentó el resultado que, escrito en forma de integral expresa

$$n! = \int_0^1 (-\ln x)^n dx, \tag{1.4}$$

donde n puede interpretarse como una variable continua con la condición $n > -1$.

A partir de ésta expresión, Legendre en 1811 introdujo un corrimiento en la integral anterior juntamente con el símbolo Γ, así obtuvo

$$\Gamma(\alpha) = \int_0^1 (-\ln x)^{\alpha-1} dx, \quad \alpha > 0. \tag{1.5}$$

De (1.5) mediante el cambio de variable $t = -\ln x$, se llega a

$$\Gamma(\alpha) = \int_0^\infty e^{-t} t^{\alpha-1} dt, \quad \alpha > 0. \tag{1.6}$$

Puede observarse que con el corrimiento introducido resulta que $\Gamma(\alpha) = (\alpha - 1)!$ en caso de ser $\alpha \in \mathbb{N}$. [1]

Mediante la expresión debida a Gosta Mittag-Leffler

$$\Gamma(z) = \sum_{n=0}^{\infty} \frac{(-1)^n}{(n+z)} \frac{1}{n!} + \int_0^\infty t^{z-1} e^{-t} dt \tag{1.7}$$

(cf. [8]), puede extenderse a todo el campo complejo excepto para valores $z = -n$, $n = 0, 1, 2, ...$ Dado que la integral en (1.7) es una función entera, se sigue que la función $\Gamma(z)$ es una función analítica excepto en $z = -n$, $n = 0, 1, 2, ...$ donde tiene polos simples con residuos $\frac{(-1)^n}{n!}$.

De la expresión (1.6), para $\alpha = 1$, se tiene

$$\Gamma(1) = \int_0^\infty e^{-t} dt = 1, \tag{1.8}$$

y para $\alpha > 0$, integrando por partes resulta

$$\Gamma(\alpha + 1) = \alpha \Gamma(\alpha). \tag{1.9}$$

[1] Resulta interesante el siguiente artículo: Gronan D. "Why is the Gamma function so as it is?". Teaching Math. and Computer Science Vol 1, 2003

A partir de esta última relación se tiene que

$$\Gamma(n+1) = n\Gamma(n) = n.(n-1)\Gamma(n-2) = ... = n! \tag{1.10}$$

y ésta es una razón que lleva a considerar que la función Gamma definida por (1.6) constituye una extensión de la función factorial a los reales positivos.

Otras de las primeras expresiones tendientes a lograr una extensión de la función factorial está dada por la siguiente

Definición 1 *Dados $x > 0$ y $p \in \mathbb{N}$, se define*

$$\Gamma_p(x) = \frac{p!p^x}{x.(x+1)...(x+p)}. \tag{1.11}$$

Entonces

$$\Gamma(x) = \lim_{p\to\infty} \Gamma_p(x). \tag{1.12}$$

Claramente

$$\Gamma_p(1) = \frac{p!p}{1.(1+1)...(1+p)} = \frac{p}{p+1}, \tag{1.13}$$

y

$$\Gamma_p(x+1) = \frac{p!p^{x+1}}{(x+1).(x+2)...(x+p+1)} = \frac{p}{x+p+1}x\Gamma_p(x). \tag{1.14}$$

Luego, por (1.12) resulta

$$\Gamma(1) = 1; \quad \Gamma(x+1) = x\Gamma(x). \tag{1.15}$$

La función Gamma cumple con las siguientes propiedades:

$$\Gamma(1) = 1 \tag{1.16}$$

$$\Gamma(z+1) = z!,\ z \in \mathbb{Z}_0^+ \tag{1.17}$$

$$\Gamma(z+1) = z\Gamma(z) \tag{1.18}$$

$$\Gamma(z+n) = z.(z+1).(z+2)...(z+n-1)\Gamma(z) \tag{1.19}$$

$$\Gamma(z)\Gamma(1-z) = \frac{\pi}{\sin(\pi z)} \tag{1.20}$$

Para la demostración de (1.18) y en consecuencia de (1.19), se asume la condición $\mathfrak{Re}(z) > 0$ y luego por el principio de prolongación analítica se tiene la validez del resultado para cualquier complejo z tal que $z \neq 0, -1, -2, \ldots$

La demostración de (1.20) se hace admitiendo provisoriamente que z es tal que $0 < \Re(z) < 1$, para luego extender, como en el caso anterior, la validez de lo obtenido para todo z complejo $z \neq 0$, -1, $-2, \ldots$

Para ver las demostraciones con mayores detalles, sugerimos las referencias [3] y [30], entre otros textos clásicos.

1.2. La función Beta

La función Beta, también llamada *integral euleriana de primera especie*, está dada mediante la siguiente

Definición 2 *Sean z y w números complejos tales que $\Re(z) > 0$ y $\Re(w) > 0$. Se define:*

$$B(z,w) = \int_0^1 t^{z-1}(1-t)^{w-1}dt \tag{1.21}$$

Puede probarse que es una función simétrica que, en términos de la función Gamma, admite la siguiente expresión que también es tomada como definición. Así se tiene la siguiente:

Definición 3 *Sean z y w números complejos tales que $\Re(z) > 0$ y $\Re(w) > 0$. Entonces:*

$$B(z,w) = \frac{\Gamma(z)\Gamma(w)}{\Gamma(z+w)} = B(w,z). \tag{1.22}$$

Resulta interesante destacar algunas de sus propiedades, entre ellas:

$$B(z, 1-z) = \frac{\pi}{\sin(\pi z)}; \tag{1.23}$$

$$B(z,1) = \frac{1}{z}; \tag{1.24}$$

$$B(z,n) = \frac{(n-1)!}{z.(z+1).(z+2)...(z+n-1)}, \qquad n \in \mathbb{N}; \tag{1.25}$$

$$B(m,n) = \frac{(m-1)!(n-1)!}{(m+n-1)!}, \qquad m \geq 1,\ n \in \mathbb{N}. \tag{1.26}$$

1.3. El símbolo de Pochhammer

También llamado factorial creciente y notado $(z)_n$ está dado mediante la siguiente:

Definición 4 *Sea $z \in \mathbb{C}$ y $n \in \mathbb{N}_0$. El símbolo de Pochhammer viene dado por*

$$(z)_n = \begin{cases} z.(z+1).(z+2)...(z+n-1), & si\ n \neq 0; \\ 1, & si\ n = 0, \quad z \neq 0. \end{cases} \tag{1.27}$$

Por convención se toma $(0)_0 = 1$.

Si z y n son números enteros positivos, entonces

$$(z)_n = \frac{(z+n-1)!}{(z-1)!} \tag{1.28}$$

expresión que puede extenderse para valores no enteros positivos mediante

$$(z)_n = \frac{\Gamma(z+n)}{\Gamma(z)} \tag{1.29}$$

válida para $z \in \mathbb{C} \setminus \mathbb{Z}_0^-$.

La última expresión permite definir $\frac{1}{\Gamma(z)}$. En efecto

$$\frac{1}{\Gamma(z)} = \frac{(z)_n}{\Gamma(z+n)} \tag{1.30}$$

Entre las principales propiedades del símbolo de Pochhammer pueden mencionarse las siguientes:

1. De la definición puede concluirse que

$$(z)_{-n} = \frac{1}{(z-1)(z-2)...(z-n)}, \text{ para } z \neq 1, 2, ..., n. \tag{1.31}$$

2.

$$(z)_n = (z+n-1)(z)_{n-1}. \tag{1.32}$$

3.
$$(z)_{m+n} = (z)_m(z+m)_n. \tag{1.33}$$

4. La relación con los números combinatorios viene dada por
$$\binom{z}{0} = 1, \tag{1.34}$$
$$\binom{z}{n} = \frac{z(z-1)(z-2)...(z-n+1)}{n!} = \frac{(-1)^n(-z)_n}{n!}, \; n > 0. \tag{1.35}$$

5. La propiedad 3), en términos de la función Gamma se expresa como
$$(z)_{m+n} = \frac{\Gamma(z+m+n)}{\Gamma(z)}. \tag{1.36}$$

1.4. Generalizaciones de la función Gamma

Ya en el siglo XX fueron varias las generalizaciones de la función Gamma. En 1994, Chaudhry y Zubair (cf. [9]) introdujeron la siguiente generalización de la función Gamma

$$\Gamma_p(x) = \int_0^\infty t^{x-1}e^{-t-\frac{p}{t}}\,dt; \;\; \mathfrak{Re}(p) > 0, \; \mathfrak{Re}(x) > 0. \tag{1.37}$$

Para $\mathfrak{Re}(p) > 0$, $\Gamma_p(x)$ está definida para todo $\mathbb{C}$; y para $p = 0$, $\Gamma_p(x)$ coincide con la función Gamma clásica.

En términos de la función de Bessel-Macdonad, (1.37) viene dada por

$$\Gamma_p(x) = 2p^{\frac{x}{2}}K_x(2\sqrt{p}); \;\; \mathfrak{Re}(p) > 0; \; |\arg\sqrt{p}| < \pi. \tag{1.38}$$

Además satisface las siguientes propiedades (cf. [9])

1.
$$\Gamma_p(x+1) = x\Gamma_p(x) + p\Gamma_p(x-1). \tag{1.39}$$

2.
$$\Gamma_p(-x) = p^{-x}\Gamma_p(x). \tag{1.40}$$

En 2011, Özergin (cf. [39]) definió

$$\Gamma_p^{(\alpha,\beta)}(x) = \int_0^\infty t^{x-1} {}_1F_1\left(\alpha;\beta;-t-\frac{p}{t}\right)\, dt \tag{1.41}$$

para $\mathfrak{Re}(p) > 0$, $\mathfrak{Re}(x) > 0$, $\mathfrak{Re}(\alpha) > 0$, $\mathfrak{Re}(\beta) > 0$, y ${}_1F_1(\alpha;\beta;x)$ es la función hipergeométrica confluente

$$ {}_1F_1(\alpha;\beta;x) = \sum_{n=0}^{\infty} \frac{(\alpha)_n}{(\beta)_n}\frac{x^n}{n!}. \tag{1.42}$$

La función (1.41) verifica que

$$\Gamma_p^{(\alpha,\alpha)}(x) = \Gamma_p(x) \qquad \text{y} \qquad \Gamma_0^{(\alpha,\alpha)}(x) = \Gamma(x). \tag{1.43}$$

También en 2011, Loc y Tai (cf. [32]) introducen una función Gamma "que es motivada por la pregunta sobre la existencia de una ecuación funcional verificada por la función Gamma asociada con un polinomio". En efecto, dado un polinomio $f(t)$, que se asume positivo, siendo $t > 0$, se define

$$\Gamma_f(x) = \int_0^\infty [f(t)]^{x-1}e^{-t}dt, \;\; \mathfrak{Re}(x) > 1-\frac{1}{k}, \tag{1.44}$$

donde k es la multiplicidad de f en $t = 0$.

Cuando $f(t) = t$, la integral anterior coincide con la clásica función $\Gamma(x)$.

Así mismo, Loc y Tai hacen un detallado estudio para el caso $f(t) = t^k$, en cuyo caso resulta

$$\Gamma_{t^k}(x) = \int_0^\infty t^{k(x-1)}e^{-t}dt, \;\; \mathfrak{Re}(x) > 1-\frac{1}{k}. \tag{1.45}$$

Luego se tienen las siguientes, relaciones

$$\Gamma_{t^k}(1) = 1; \tag{1.46}$$

$$\Gamma_t(x) = \Gamma(x); \tag{1.47}$$

$$\Gamma_{t^k}(x) = \Gamma\left(k(x-1)+1\right) \tag{1.48}$$

Otra generalización de la función Gamma fue dada por Parma (cf. [40]) en 2013 por medio de la siguiente integral

$$\Gamma_p^{(\alpha,\beta,m)}(x) = \int_0^\infty t^{x-1} {}_1F_1\left(\alpha;\beta;-t-\frac{p}{t^n}\right) dt \tag{1.49}$$

para $\Re\mathfrak{e}(p) > 0$, $\Re\mathfrak{e}(x) > 0$, $\Re\mathfrak{e}(\alpha) > 0$, $\Re\mathfrak{e}(\beta) > 0$, $\Re\mathfrak{e}(m) > 0$.

1.5. La función k-Gamma

De las generalizaciones de la función Gamma, tal vez la más utilizada fue la definida en 2007 por Díaz y Pariguan (cf. [15]) quienes afirman que la motivación para introducir tal generalización, a la que llamaron Γ_k, provino de la frecuente aparición de productos de la forma

$$x.(x+k).(x+2k)...(x+(n-1)k) \tag{1.50}$$

en distintos contextos. Este producto fue notado como $(x)_{n,k}$ y denominado Pochhammer k-símbolo.

Definición 5 **(k-Símbolo de Pochhammer)** *Sea $\gamma \in \mathbb{C}$, $k > 0$, y $n \in \mathbb{N}_0^+$, el k-símbolo de Pochhammer está dado por*

$$(\gamma)_{n,k} = \begin{cases} \gamma(\gamma+k)(\gamma+2k)...(\gamma+(n-1)k), & n \in \mathbb{N}; \\ 1, & n = 0, \gamma \neq 0. \end{cases} \tag{1.51}$$

Por convención tomamos $(0)_{0,k} = 1$.

Cuando $k = 1$, $(\gamma)_{n,1}$ coincide con el símbolo de Pochhammer usual. Por analogía con (1.11) y (1.12), definen

$$\Gamma_k(x) = \lim_{n\to\infty} \frac{n!k^n(nk)^{\frac{x}{k}-1}}{(x)_{n,k}}, \quad k > 0, \ x \in \mathbb{C} \setminus k\mathbb{Z}^-. \tag{1.52}$$

La función $\Gamma_k(x)$ admite una expresión integral que viene dada por

$$\Gamma_k(z) = \int_0^\infty e^{-\frac{t^k}{k}} t^{z-1} dt, \qquad \Re\mathfrak{e}(z) > 0. \tag{1.53}$$

Puede observarse que $\Gamma_k(x) \to \Gamma(x)$ cuando $k \to 1$.

1.5.1. Propiedades de la función $\Gamma_k(z)$

Las propiedades más importantes que tiene esta función se enumeran a continuación:

$$\Gamma_k(z+k) = z\Gamma_k(z); \tag{1.54}$$
$$\Gamma_k(k) = 1; \tag{1.55}$$
$$\Gamma_k(z) \text{ es logarítmicamente convexa para } z \in \mathbb{R}; \tag{1.56}$$
$$\Gamma_k(z) = a^{\frac{z}{k}} \int_0^\infty t^{z-1} e^{-\frac{t^k}{k}a} dt, a \in \mathbb{R}; \tag{1.57}$$
$$\Gamma_k(z)\Gamma_k(k-z) = \frac{\pi}{\sin(\pi z/k)}; \tag{1.58}$$
$$\Gamma_k(z) = k^{\frac{z}{k}-1}\Gamma\left(\frac{z}{k}\right); \tag{1.59}$$
$$\Gamma_k(\alpha k) = k^{\alpha-1}\Gamma(\alpha),\ k>0,\ \alpha \in \mathbb{R}; \tag{1.60}$$
$$\Gamma_k(nk) = k^{n-1}(n-1)!, k>0\ n \in \mathbb{N}. \tag{1.61}$$

Para las demostraciones, remitimos al lector a la Proposición 6 de [15].

En [37] se prueba que para $k > 0$, la función Γ_k es analítica en $\mathbb{C}$, excepto en los puntos $z = 0, -k, -2k, ...$, donde posee polos simples con residuos $Res[\Gamma_k, -nk] = \frac{1}{(-1)^n k^n n!}$.

En el siguiente teorema se establecen algunas identidades

Teorema 1 *Dados $\gamma \in \mathbb{C} \setminus k\mathbb{Z}$, $k, s > 0$ y $n \in \mathbb{N}$; se verifican que*

$$(\gamma)_{n,s} = \left(\frac{s}{k}\right)^n \left(\frac{k\gamma}{s}\right)_{n,k}; \tag{1.62}$$
$$\Gamma_s(\gamma) = \left(\frac{s}{k}\right)^{\frac{\gamma}{s}-1} \Gamma_k\left(\frac{k\gamma}{s}\right); \tag{1.63}$$
$$(\gamma)_{n,k} = \frac{\Gamma_k(\gamma+nk)}{\Gamma_k(\gamma)}; \tag{1.64}$$
$$(\gamma)_{n,k} = k^n \left(\frac{\gamma}{k}\right)_n; \tag{1.65}$$
$$(\gamma)_{n,k} = k^n(1)_n = k^n n!; \tag{1.66}$$
$$(1)_{n,k} = k^n \left(\frac{1}{k}\right)_n; \tag{1.67}$$
$$(\gamma)_{n+m,k} = (\gamma)_{m,k}(\gamma+mk)_{n,k}. \tag{1.68}$$

1.5.2. Función k-Beta

Puede tomarse como definición de la función k-Beta la siguiente

Definición 6 *Sena $z,w \in \mathbb{C}$ tales que $\Re(z) > 0$ y $\Re(w) > 0$, y sea $k > 0$,*

$$B_k(z,w) = \frac{\Gamma_k(z)\Gamma_k(w)}{\Gamma_k(z+w)}. \tag{1.69}$$

La función k-Beta satisface las siguientes propiedades:

$$B_k(z,w) = \int_0^\infty t^{z-1}(1+t^k)^{-\frac{z+w}{k}}dt; \tag{1.70}$$

$$B_k(z,w) = \frac{1}{k}\int_0^1 t^{\frac{z}{k}-1}(1-t)^{\frac{w}{k}-1}dt; \tag{1.71}$$

$$B_k(z,w) = \frac{1}{k}B\left(\frac{z}{k},\frac{w}{k}\right). \tag{1.72}$$

1.6. Transformada de Laplace

La técnica de utilizar la transformación integral de Laplace para resolver ecuaciones diferenciales, tanto de orden entero como de orden real, es bien conocida. En ésta sección sintetizamos los resultados principales.

Definición 7 *Dada $f:\mathbb{R}^+ \to \mathbb{R}$ una función de orden exponencial y localmente integrable, se define su transformada de Laplace mediante la siguiente integral*

$$\mathcal{L}\{f(t)\}(s) := \int_0^\infty e^{-st}f(t)dt, \tag{1.73}$$

donde la integral existe para $\Re(s) > 0$ (cf. [13]).

Destacamos a continuación sus principales propiedades.

Propiedades.

$$\mathcal{L}\left(x^n f(x)\right) = (-1)^n \left(\frac{d}{ds}\right)^n \mathcal{L}(f)(s); \tag{1.74}$$

$$\mathcal{L}\left(f^{(n)}(x)\right)(s) = s^n \mathcal{L}(f)(s) - s^{n-1} f(0) - ... - f^{n-1}(0); \tag{1.75}$$

$$\mathcal{L}\left(\int_0^x \int_0^{x_n} ... \int_0^{x_2} f(x_1) dx_1 dx_2 ... dx_n\right)(s) = s^{-n} \mathcal{L}(f)(s). \tag{1.76}$$

1.7. Transformada de Fourier

Sea el conjunto de funciones $S(\mathbb{R})$ del espacio llamado de Schwartz que está definido por

$$S(\mathbb{R}) = \left\{ f : \mathbb{R} \to \mathbb{R} / f \in C^\infty(\mathbb{R}) \text{ y } \lim_{|x| \to \infty} |x^\alpha D^\beta f(x)| = 0, \forall \alpha, \beta \in \mathbb{N}_0 \right\}. \tag{1.77}$$

La transformada de Fourier es una de las transformadas integrales más conocidas y utilizadas, damos a continuación la siguiente

<u>Definición</u> 8 *Dada $f \in S(\mathbb{R})$, su transformada de Fourier es una nueva función con valores complejos dada por*

$$\mathcal{F}[f](y) = \int_{\mathbb{R}} e^{-ixy} f(x) dx. \tag{1.78}$$

Entre sus principales propiedades señalamos las siguientes

1. Si f es continua y derivable a trozos y $f' \in L^1(\mathbb{R})$, entonces:

$$\mathcal{F}[f'](y) = iy\mathcal{F}[f](y). \tag{1.79}$$

2. Si $xf(x) \in L^1(\mathbb{R})$, entonces

$$\mathcal{F}[xf](y) = i\mathcal{F}[f]'(y). \tag{1.80}$$

1.7.1. Productos de convolución.

Para funciones causales, la convolución de Laplace se expresa como

$$(f * g)(t) = \int_0^t f(t-x)g(x)dx, \quad t > 0; \tag{1.81}$$

y su correspondiente transformada de Laplace viene dada por

$$\mathcal{L}\left((f * g)(t)\right)(s) = \mathcal{L}(f)(s).\mathcal{L}(g)(s). \tag{1.82}$$

También la transformada de Fourier verifica una propiedad análoga, es decir

$$\mathcal{F}[f * g](y) = \mathcal{F}[f](y).\mathcal{F}[g](y). \tag{1.83}$$

1.8. Operadores Fraccionarios de Integración y de Derivación.

Como es bien sabido, existen varias definiciones de tales operadores, aquí solo vamos a considerar las dadas por Riemann-Liouville, por Caputo y por Hilfer.

La integral de Riemann-Liouville puede decirse, de modo suscinto, que es una generalización a valores positivos de una integral iterada n-veces. Así se tiene

$$I^n f(t) = \int_0^t \int_0^{t_1} ... \int_0^{t_{n-1}} f(t_n)dt_n...dt_1 dt \tag{1.84}$$

$$= \frac{1}{(n-1)!}\int_0^t (t-\tau)^{n-1} f(\tau)d\tau; \quad 0 < \tau < t, n \in \mathbb{N}. \tag{1.85}$$

Por conveniencia se pide que $f(t)$ sea una función causal.

Nótese que por la relación (1.17) entre la función Gamma y la función factorial, se puede extender la expresión anterior para valores reales $\alpha > 0$, obteniendo la siguiente

$$I^\alpha f(t) := \frac{1}{\Gamma(\alpha)}\int_0^t (t-\tau)^{\alpha-1} f(\tau)d\tau, \qquad 0 < \tau < t, \; n \in \mathbb{N}. \tag{1.86}$$

La integral es convergente debido a que $\alpha - 1 > -1$.

De lo anterior resulta la siguiente

Definición 9 *Dada una función $f : \mathbb{R}^+ \to \mathbb{R}$ localmente integrable y $\alpha > 0$, entonces su integral fraccionaria de orden α viene dada por*

$$I^{\alpha}_{a^+} f(t) := \frac{1}{\Gamma(\alpha)} \int_{a^+}^{t} (t-\tau)^{\alpha-1} f(\tau) d\tau, \qquad 0 < \tau < t,\ n \in \mathbb{N}. \quad (1.87)$$

donde a^+ indica el "tiempo inicial". (cf. [26]).

Esta expresión que representa una integral de orden α para $\alpha > 0$, es tal que no permite tener una integral de orden 0, que correspondería, al menos formalmente, al operador identidad. Este será obtenido, bajo ciertas condiciones, considerando la continuidad del operador I^{α} respecto de α tomando límite para α tendiendo a 0 (cf. [41]). Luego, después de estas consideraciones, puede escribirse

$$I^{0}_{a+} f(t) = f(t). \quad (1.88)$$

Generalmente se adopta $a^+ = 0$, lo que permite escribir (1.87) como una convolución de Laplace con el siguiente núcleo, llamado de Riemann-Liouville, introducido por Gelfand y Shilov en [20]

$$J_{\alpha}(t) = \frac{t_{+}^{\alpha-1}}{\Gamma(\alpha)}, \quad \alpha > 0 \quad (1.89)$$

donde

$$t_{+}^{\lambda} = \begin{cases} t^{\lambda}, & \text{si } t > 0; \\ 0, & \text{si } t \leq 0. \end{cases} \quad (1.90)$$

Así obtenemos

$$I_0^{\alpha} f(t) = J_{\alpha}(t) * f(t),\ \alpha > 0. \quad (1.91)$$

Puede probarse que la integral de Riemann-Liouville verifica las siguientes propiedades:

- Propiedad de semigrupo:

$$I_0^{\alpha} I_0^{\beta} = I_0^{\alpha+\beta}, \quad \alpha > 0,\ \beta > 0. \quad (1.92)$$

- Propiedad conmutativa:

$$I_0^{\alpha} I_0^{\beta} = I_0^{\beta} I_0^{\alpha}. \quad (1.93)$$

Adoptaremos

$$I_0^0 f(t) = f(t). \tag{1.94}$$

Para obtener una derivada de orden arbitrario α debe recurrirse a una integral fraccionaria pues el simple cambio de α por $-\alpha$ con $\alpha > 0$, conlleva problemas de convergencia de la integral que la definía. Supongamos que utilizaramos otra de las notaciones usuales para indicar una integral y escribiésemos $D^{-\alpha} f(t)$ en la expresión (1.87). Se tendría

$$D^{-\alpha} f(t) := \frac{1}{\Gamma(\alpha)} \int_0^t (t-\tau)^{\alpha-1} f(\tau) d\tau, \qquad 0 < \tau < t. \tag{1.95}$$

Para $\alpha = 0, -1, -2, ...$, el primer miembro expresaría una derivada mientras que el segundo miembro carecería de sentido. Se soluciona ese problema combinando convenientemente la operación de derivación ordinaria con la integración fraccionaria, dando lugar a la siguiente

Definición 10 *Dada $f : \mathbb{R}^+ \to \mathbb{R}$ y $m \in \mathbb{N}$ tal que $0 \leq m-1 < \alpha \leq m$. Entonces, si t_0 es el tiempo inicial, la derivada fraccionaria de Riemann-Liouville de orden α;*

$$^{RL}D_{t_0}^{\alpha} f(t) := \begin{cases} \frac{1}{\Gamma(m-\alpha)} \frac{d^m}{dt^m} \int_{t_0}^t (t-\tau)^{m-\alpha-1} f(\tau) d\tau, & si\ m-1 < \alpha < m; \\ \\ \frac{d^m}{dt^m} f(t), & si\ \alpha = m. \end{cases} \tag{1.96}$$

Aún cuando ésta derivada sea una de las más utilizadas no satisface una propiedad esperable, ya que la derivada de Riemann-Liouville de una función constante no es la función idénticamente nula. En efecto, si $f(t) = t^{\gamma}$, para $t > 0$; $\gamma > -1$ y $0 < \alpha < 1$, calculamos primero la integral de orden α y tomamos $a = 0$ en (1.87):

$$I_0^{\alpha} t^{\gamma} = \frac{1}{\Gamma(\alpha)} \int_0^t (t-x)^{\alpha-1} x^{\gamma} dx;$$

haciendo el cambio $\frac{x}{t} = x_1$, $dx = t dx_1$ resulta

$$\begin{aligned} I_0^{\alpha} t^{\gamma} &= \frac{1}{\Gamma(\alpha)} t^{\gamma+\alpha} \int_0^1 (1-x_1)^{\alpha-1} x_1^{\gamma} dx_1 \\ &= \frac{B(\gamma+1, \alpha)}{\Gamma(\alpha)} t^{\gamma+\alpha} \\ &= \frac{\Gamma(\gamma+1)}{\Gamma(\gamma+\alpha+1)} t^{\gamma+\alpha}. \end{aligned} \tag{1.97}$$

Ahora, usando la definición (1.96) y el resultado anterior se tiene que

$$\begin{aligned} {}^{RL}D_0^\alpha t^\gamma &= \frac{d}{dt}[I_0^{1-\alpha}t^\gamma] \\ &= \frac{d}{dt}\left[\frac{\Gamma(\gamma+1)}{\Gamma(\gamma+1-\alpha+1)}t^{\gamma+1-\alpha}\right] \\ &= \frac{\Gamma(\gamma+1)}{\Gamma(\gamma+1-\alpha)}t^{\gamma-\alpha}. \end{aligned} \tag{1.98}$$

Por lo tanto, de lo anterior, tomando $\gamma = 0$ se tiene

$${}^{RL}D_0^\alpha t^\gamma = {}^{RL}D_0^\alpha 1 = \frac{t^{-\alpha}}{\Gamma(1-\alpha)} \neq 0; \quad \alpha > 0, \ \ t > 0. \tag{1.99}$$

No obstante, debido a la existencia de polos simples de la función Gamma en los enteros negativos, resulta que para $\alpha = n$

$${}^{RL}D_0^n t^0 = \frac{t^{-n}}{\Gamma(1-n)} = 0, \tag{1.100}$$

como era esperable.

Existe otra definición de derivada fraccionaria que si cumple con esta propiedad, ella es la llamada *derivada de Caputo* y viene dada por la siguiente

Definición 11 *Dada* $f : \mathbb{R}^+ \to \mathbb{R}$ *y* $n \in \mathbb{N}$ *tal que* $0 \leq n-1 < \alpha \leq n$. *Entonces, la derivada fraccionaria de Caputo de orden* α*;*

$${}^{C}D_{t_0}^\alpha f(t) := \begin{cases} \frac{1}{\Gamma(n-\alpha)}\int_{t_0}^t (t-\tau)^{m-\alpha-1} f^{(n)}(\tau)d\tau, & si\ m-1<\alpha<m; \\ \frac{d^m}{dt^m}f(t), & si\ \alpha = m. \end{cases} \tag{1.101}$$

Claramente puede verse que, con esta definición, la derivada de una constante es cero.

Las derivadas fraccionarias de Riemann-Liouville y de Caputo coinciden cuando el orden de derivación está dado por un número natural y en ese caso coinciden con el valor de la derivada clásica. Esta situación no se da cuando el orden de derivación no está dado por un número natural; en efecto, esto está justificado por el siguiente teorema.

Teorema 2 *Sea $\alpha \in \mathbb{R}$ tal que $m-1<\alpha<m$, $f:\mathbb{R}^+ \to \mathbb{R}$ una función para la cual existen las derivadas fraccionarias de Riemann-Liouville y de Caputo. Entonces se cumple la siguiente relación:*

$$^{C}D_a^\alpha f(x) = {}^{RL}D_a^\alpha f(x) - \sum_{k=0}^{m-1} \frac{f^{(k)}(a)}{\Gamma(k+1-\alpha)}(x-a)^{k-\alpha}; \quad x>a. \quad (1.102)$$

La demostración del teorema puede verse en [26]. Nótese que de (1.102) se tiene que para $\alpha \in \mathbb{R}\setminus\mathbb{N}$, las derivadas de Riemann-Liouville y Caputo coinciden cuando se verifique que

$$f^{(k)}(a) = 0; \quad k = 0,1,2,...,m-1. \quad (1.103)$$

Otra derivada que será necesaria para un desarrollo posterior es la introducida por R. Hilfer, quien definió en [23] una derivada fraccionaria con dos parámetros, conteniendo como casos particulares las definiciones dadas de Riemann-Liouville y de Caputo. La presentamos en la siguiente

Definición 12 *Sea $f:\mathbb{R}^+ \to \mathbb{R}$ tal que $f \in L^1[a,b]$ y $-\infty \leq a < t < b \leq \infty$. Entonces, dados μ y ν números reales tales que $\nu \in [0,1]$ y $\mu \in (n-1,n)$ con $n \in \mathbb{N}$, la derivada de Hilfer de orden μ y tipo ν de f se define como*

$$\left(D^{\mu,\nu} f\right)(t) = I^{\nu(n-\mu)} \frac{d^n}{dt^n}\left(I^{(1-\nu)(n-\mu)} f\right)(t). \quad (1.104)$$

Notemos que si $\nu=0$ entonces $\left(D^{\mu,0}f\right)(t) = {}^{RL}D_0^\alpha f(t)$, mientras que si $\nu=1$ se tiene $\left(D^{\mu,1}f\right)(t) = {}^{C}D_0^\alpha f(t)$.

1.9. k-Integral Fraccionaria de Riemann-Liouville

Como ha sido característico en el Cálculo Fraccionario, al no existir una única teoría que pueda unificarlas, a lo largo de su historia se han dado diversas definiciones de integrales y de derivadas fraccionarias. Recientemente, y luego de la definición dada por Díaz y Pariguan en 2007 (cf. [15]) de la función k-Gamma, y asociadas con ella, del k-símbolo de Pochhammer y de la función k-Beta, se definieron generalizaciones k de las integrales y de las derivadas fraccionarias de Riemann-Liouville, y de la de Caputo, de la de Hilfer.

Mubeen y Habbibullah en 2012 (cf. [37]) definieron la **k-integral fraccionaria de orden** α, I_k^α, de la siguiente manera

Definición 13 *Sea* $f \in C^0(0,\infty)$, $\alpha > 0$, $k > 0$

$$I_k^\alpha f(t) = \frac{1}{k\Gamma_k(\alpha)} \int_0^t (t-\tau)^{\frac{\alpha}{k}-1} f(\tau) d\tau = \frac{t^{\frac{\alpha}{k}-1}}{k\Gamma_k(\alpha)} * f(t). \tag{1.105}$$

Es importante notar que, como $\Gamma_k(\alpha) \to \Gamma(\alpha)$, para $k \to 1$, entonces $I_k^\alpha \to I^\alpha$ para $k \to 1$.

Esta nueva integral fraccionaria verifica la importante propiedad de semigrupo.

Proposición 1 *Dados* $\alpha, \beta \in \mathbb{R}^+$, $f \in L^1([0,\infty))$ *y* $k > 0$, *entonces*

$$I_k^\alpha I_k^\beta f(t) = I_k^{\alpha+\beta} f(t) = I_k^\beta I_k^\alpha f(t). \tag{1.106}$$

La demostración puede verse en [37] y en [48].

Resulta interesante consignar algunos cálculos:

$$I_k^\alpha \left(x^{\frac{\beta}{k}-1} \right) = \frac{\Gamma_k(\beta)}{\Gamma_k(\alpha+\beta)} x^{\frac{\alpha+\beta}{k}-1}; \tag{1.107}$$

$$I_k^\alpha \left((x-a)^{\frac{\beta}{k}-1} \right) = \frac{\Gamma_k(\beta)}{\Gamma_k(\alpha+\beta)} (x-a)^{\frac{\alpha+\beta}{k}-1}. \tag{1.108}$$

La demostración puede verse en [37] y en [48].

Capítulo 2

k-Derivadas Fraccionarias

En el presente capítulo se presentan tres versiones de derivadas fraccionarias, las dos primeras asociadas a la k-integral de Riemann-Liouville y la última asociada a una generalización del operador integral de Prabhakar.

2.1. k-Derivada de Riemann-Liouville

En esta sección presentamos una nueva definición de derivada fraccionaria de Riemann-Liouville asociada con la k-integral fraccionaria introducida en la sección 1.9. Se incluyen tambien resultados que relacionan la k-integral fraccionaria con las transformadas integrales de Fourier y de Laplace y se muestran algunos ejemplos de aplicación.

Definición **14** *Sea β un número real, $0 < \beta \leq 1$. La k-derivada fraccionaria de Riemann-Liouville de orden β esta definida por*

$$D_k^{\beta} f(t) = \frac{d}{dt} I_{k,a}^{1-\beta} f(t). \tag{2.1}$$

para funciones para las cuales exista el segundo miembro.

Notemos que si llamamos $j_{\alpha,k}(t) := \frac{t^{\frac{\alpha}{k}-1}}{k\Gamma_k(\alpha)}$ al k-núcleo singular de Riemann-Liouville, y utilizamos los resultados siguientes que son de fácil comprobación

$$I_k^{1-\beta}\left[j_{\alpha,\beta}(t)\right] = j_{\alpha+1-\beta,k}(t) \text{ y } \frac{d}{dt} j_{\alpha,k}(t) = \frac{1}{k} j_{\alpha-k,k}(t), \tag{2.2}$$

se tiene que

$$D_k^\beta\left[j_{\alpha,k}(t)\right] = \frac{1}{k} j_{\alpha+1-\beta-k,k}(t). \tag{2.3}$$

Una observación importante es que el operador (2.1) no es inverso a izquierda del operador k-integral fraccionaria de Riemann-Liouville. En efecto, sea $0 < \beta < 1$, entonces

$$\begin{aligned} D_k^\beta I_k^\beta f(t) &= \frac{d}{dt}\left[I_k^{1-\beta}\left(I_k^\beta f(t)\right)\right] = \frac{d}{dt} I_k^1 f(t) \\ &= \frac{1}{k\Gamma_k(1)} \frac{d}{dt} \int_0^t (t-\tau)^{\frac{1}{k}-1} f(\tau) d\tau \\ &= \frac{1-k}{k^2\Gamma_k(1)} \frac{d}{dt} \int_0^t (t-\tau)^{\frac{1-k}{k}-1} f(\tau) d\tau \\ &= \frac{(1-k)\Gamma_k\left(\frac{1-k}{k}\right)}{k\Gamma_k(1)} I_k^{\frac{1-k}{k}} f(t) \neq f(t). \end{aligned} \tag{2.4}$$

Lema 1 *Sea f una función lo suficientemente buena y sea α un número real, $0 < \alpha \leq 1$. La transformada de Laplace de la k-integral fraccionaria de Riemann-Liouville de la función f está dada por*

$$\mathcal{L}\left[I_k^\alpha f\right](s) = (ks)^{-\frac{\alpha}{k}} \mathcal{L}[f](s). \tag{2.5}$$

Demostración: Primero evaluamos la transformada de Laplace del k núcleo singular de Riemann-Liouville:

$$\begin{aligned} \mathcal{L}\left[j_{\alpha,k}(t)\right](s) &= \frac{1}{k\Gamma_k(\alpha)} \int_0^{+\infty} t^{\frac{\alpha}{k}-1} e^{-st} dt \\ &= \frac{\Gamma(\frac{\alpha}{k})}{k\Gamma_k(\alpha) s^{\frac{\alpha}{k}}} = (ks)^{-\frac{\alpha}{k}}. \end{aligned} \tag{2.6}$$

Se sabe de (1.105) que

$$\mathcal{L}\left[I_k^\alpha\right](s) = \mathcal{L}\left[j_{\alpha,k} * f\right](s) = \mathcal{L}[j_{\alpha,k}](s)\mathcal{L}[f](s). \tag{2.7}$$

Finalmente, de (2.6) y (2.7) se obtiene la tesis.

□

Lema 2 *Sea f una función suficientemente buena, y sea α un número real, $0 < \alpha \leq 1$. La transformada de Fourier de la k-integral fraccionaria de Riemann-Liouville de la función f es*

$$\mathcal{F}\left[I_k^\alpha f\right](w) = (-ikw)^{-\frac{\alpha}{k}} \mathcal{F}[f](w). \tag{2.8}$$

<u>*Demostración:*</u> Evaluamos la transformada de Fourier del k-núcleo singular de Riemann-Liouville:

$$\mathcal{F}\left[j_{\alpha,k}(t)\right](w) = \int_0^{+\infty} \frac{t^{\frac{\alpha}{k}-1}}{k\Gamma(\alpha)} e^{iwt} dt, \tag{2.9}$$

y haciendo el cambio de variable $-s = iw$ y usando (2.6) resulta

$$\mathcal{F}\left[j_{\alpha,k}(t)\right](w) = \mathcal{L}\left[j_{\alpha,k}(t)\right](s) = (ks)^{-\frac{\alpha}{k}} = (-iwk)^{\frac{\alpha}{k}}. \tag{2.10}$$

Por último, usando (1.105) y (2.10) se concluye la prueba del lema. □

Lema 3 *Sea β un número real, $0 < \beta \leq 1$. La transformada de Laplace de la k-derivada fraccionaia de Riemann-Liouville de una función f, lo suficientemente buena, está dada por*

$$\mathcal{L}\left[D_k^\beta f(t)\right](s) = s(ks)^{-\frac{1-\beta}{k}} \mathcal{L}[f](s) - I_k^{1-\beta} f(0). \tag{2.11}$$

<u>*Demostración:*</u> Por definición (2.1) y la propiedad (1.75) obtenemos lo siguiente

$$\begin{aligned} \mathcal{L}\left[D_k^\beta f(t)\right](s) &= \mathcal{L}\left[\frac{d}{dt} I_k^{1-\beta} f(t)\right](s) \\ &= s\mathcal{L}\left[I_k^{1-\beta} f(t)\right](s) - I_k^{1-\beta} f(0). \end{aligned} \tag{2.12}$$

Aplicando (2.5) en (2.12) se llega a la tesis. □

Lema 4 *Sea β un número real, $0 < \beta \leq 1$. La transformada de Fourier de la k-derivada fraccionaria de Riemann-Liouville de una función f, lo suficientemente buena, está dado por*

$$\mathcal{F}\left[D_k^\beta f(t)\right](w) = (-iw)(-iwk^{-\frac{1-\beta}{k}}) \mathcal{F}[f(t)](w). \tag{2.13}$$

Demostración: Usando la definición (2.1) y la propiedad (1.79) se tiene

$$\begin{aligned}\mathcal{F}\left[D_k^{\beta} f(t)\right](w) &= \mathcal{F}\left[\frac{d}{dt} I_k^{1-\beta} f(t)\right](w) \\ &= (-iw)\mathcal{F}\left[I_k^{1-\beta} f(t)\right](w). \end{aligned} \tag{2.14}$$

Aplicando (2.8) a la expresión en (2.14) se concluye la tesis.

□

Ejemplo: Sea $n \in \mathbb{Z}_0^+$, α y β números reales donde $n < \alpha \leq n+1$ y $\beta > 0$. Queremos calcular la k-derivada fraccionaria de Riemann-Liouville de la función $f(t) = (t-a)^{\beta-1}$. Por definición (2.1) tenemos que

$$\left[D_{k,a}^{\alpha}(t-a)^{\beta-1}\right](x) = \left(\frac{d}{dt}\right)^n \left[I_{k,a}^{n-\alpha}(t-a)^{\beta-1}\right](x). \tag{2.15}$$

Realizando primero el cálculo de $I_{k,a}^{n-\alpha}(t-a)^{\beta-1}(x)$, para esto hacemos el cambio de variable $t = a + \varepsilon(x-a)$, de donde resulta

$$\begin{aligned}&\left[I_{k,a}^{n-\alpha}(t-a)^{\beta-1}\right](x) = \\ &= \frac{1}{k\Gamma_k(n-\alpha)} \int_0^1 [(1-\varepsilon)(x-a)]^{\frac{n-\alpha}{k}-1} [\varepsilon(x-a)]^{\beta-1}(x-a)d\varepsilon = \\ &= \frac{(x-a)^{\frac{p}{k}+\beta-1}}{\mathrm{B}_k(n-\alpha, k\beta)}, \end{aligned} \tag{2.16}$$

donde $\mathrm{B}_k(z,w)$ denota la k-función Beta (1.69) en (2.16) resulta

$$\left[I_{k,a}^{n-\alpha}(t-a)^{\beta-1}\right](x) = \frac{\Gamma_k(k\beta)}{\Gamma_k(n-\alpha+k\beta)}(x-a)^{\frac{n-\alpha}{k}+\beta-1}. \tag{2.17}$$

por último reemplazamos (2.17) en (2.15) para obtener el resultado buscado

$$
\begin{aligned}
&\left[D^{\alpha}_{k,a}(t-a)^{\beta-1}\right](x) = \\
&\quad = \frac{\Gamma_k(k\beta)}{k^n\Gamma_k(n-\alpha+k\beta-kn)}\left(\frac{d}{dx}\right)(x-a)^{\frac{n-\alpha}{k}+\beta-(n+1)} \\
&\quad = \frac{\Gamma_k(k\beta)}{k^n\Gamma_k(n-\alpha+k\beta-kn)}\frac{\Gamma_k(n-\alpha+k\beta)}{\Gamma_k(n-\alpha+k\beta-kn)}\times \\
&\qquad \times \frac{k^{1-\frac{n-\alpha+k\beta-kn}{k}}}{k^{1-\frac{n-\alpha+k\beta}{k}}}(x-a)^{\frac{n-\alpha}{k}+\beta-(n+1)} \\
&\quad = \frac{\Gamma_k(k\beta)}{k^n\Gamma_k(n-\alpha+k\beta-kn)}(x-a)^{\frac{n-\alpha}{k}+\beta-(n+1)}. \qquad (2.18)
\end{aligned}
$$

◇

Ejemplo: Es suficiente tomar $\beta = 1$ en (2.15) para ver que

$$\left(D^{\alpha}_{k,a}1\right)(x) = \frac{(x-a)^{\frac{n-\alpha}{k}-n}}{\Gamma_k(n-\alpha+k(1-n))}. \qquad (2.19)$$

◇

Ejemplo: Aplicando un procedimiento análogo al realizado para obtener (2.15), se puede probar que para $\alpha \in \mathbb{R}$, $n,j \in \mathbb{Z}^+_0$ tales que $n < \alpha \leq n+1$ y $\beta - j > -1$ se cumple

$$
\begin{aligned}
&\left[D^{\alpha}_{k,a}(t-a)^{\beta-j}\right](x) = \\
&\quad = \frac{\Gamma_k(k\alpha-kj+k)}{k^n\Gamma_k(n-\alpha+k\alpha-jk+k+kn)}(x-a)^{\frac{n-\alpha+k\alpha-jk-kn}{k}}. \qquad (2.20)
\end{aligned}
$$

◇

Luego, por linealidad del operador $D^{\alpha}_{k,a}$ y aplicación de (2.20) resulta que

$$
\begin{aligned}
&D^{\alpha}_{k,a}\left[\sum_{j=1}^{n}(x-a)^{\alpha-j}\right](x) = \\
&= \sum_{j=1}^{n}\frac{\Gamma_k(k\alpha-kj+k)}{k^n\Gamma_k(n-\alpha+k\alpha-jk+k+kn)}(x-a)^{\frac{n-\alpha+k\alpha-jk-kn}{k}}. \qquad (2.21)
\end{aligned}
$$

2.2. k-Derivada Caputo y su aplicación en la ecuación k-Logística Fraccionaria

En este parágrafo se presenta una generalización de la ecuación logística fraccionaria utilizando la k-derivada fraccionaria de Caputo. La solución es expresada en términos de la función k-Mittag-Leffler.

El desarrollo de lo presentado en este parágrafo fue hecho en base a lo realizado por Camargo y Bruno-Alfonso en [18].

Análogamente a lo hecho con la derivada fraccionaria de Riemann-Liouville, introducimos una modificación de la derivada fraccionaria de Caputo que involucra al k-núcleo singular de Riemann-Liouville.

Entonces, ponemos la siguiente

Definición 15 *Sea f una función al menos n-veces diferenciales, $n \in \mathbb{N}$, y sea $\alpha \in \mathbb{R}$ tal que $n-1 < \alpha < n$.*

*La **k-derivada fraccionaria de Caputo de orden** α de la función f está dada por*

$$^{c}D_k^{\alpha} f(t) = I_k^{n-\alpha} f^{(n)}(t), \tag{2.22}$$

donde $f^{(n)}(t) = D^n f(t)$ es la derivada ordinaria.

La fórmula (2.22) puede expresarse como la convolución con el k-núcleo $j_{\alpha,k}(t) := \frac{t^{\frac{\alpha}{k}-1}}{k\Gamma_k(\alpha)}$

$$^{c}D_k^{\alpha} f(t) = j_{n-\alpha,k} * f^{(n)}(t). \tag{2.23}$$

2.2.1. La Ecuación k-Logística Fraccionaria

De acuerdo con las consideraciones hechas por Camargo y Bruno-Alfonso en [18], se presenta la ecuación

$$^{c}D_k^{\alpha} f(t) = k^{\frac{\alpha-1}{k}} \lambda[1 - f(t)]. \tag{2.24}$$

donde $^{c}D_k^{\alpha}$ denota la k-derivada fraccionaria de Caputo introducida en (2.22), $0 < \alpha < 1$.

Equivalentemente se tiene

$$I_k^{1-\alpha} f'(t) = k^{\frac{\alpha-1}{k}} \lambda(1 - f(t)). \tag{2.25}$$

Aplicando la transformada de Laplace a la ecuación (4.32) y teniendo en cuenta propiedades básicas y la transformada de Laplace del k-núcleo singular de Riemann-Liouville, del primer miembro, se tiene

$$\begin{aligned} L[j_{1-\alpha,k}]\cdot L(f') &= (ks)^{-\frac{(1-\alpha)}{k}}\cdot L(f') = \\ &= (ks)^{\frac{\alpha-1}{k}}\{sF(s)-f(0)\} \end{aligned} \tag{2.26}$$

donde $F(s)=L(f)$.

Mientras que del segundo resulta

$$L[\lambda(1-f(t))] = k^{\frac{\alpha-1}{k}}\lambda\left(\frac{1}{s}-F(s)\right). \tag{2.27}$$

Luego, de (4.66) y (2.27) se llega a

$$s^{\frac{\alpha-1}{k}}\{sF(s)-f(0)\} = \lambda\left\{\frac{1}{s}-F(s)\right\}, \tag{2.28}$$

o

$$s^{\frac{\alpha-1+k}{k}}\cdot F(s) - s^{\frac{\alpha-1}{k}}f(0) = \lambda\left\{\frac{1}{s}-F(s)\right\} \tag{2.29}$$

$$\left\{s^{\frac{\alpha-1+k}{k}}+\lambda\right\}F(s) = s^{\frac{\alpha-1}{k}}f(0)+\frac{\lambda}{s} \tag{2.30}$$

$$F(s) = \frac{s^{\frac{\alpha-1}{k}}}{\left(s^{\frac{\alpha-1+k}{k}}+\lambda\right)}f(0)+\frac{\lambda s^{-1}}{\left(s^{\frac{\alpha-1+k}{k}}+\lambda\right)} \tag{2.31}$$

Puede verse que si en (3.45), $\gamma = k$, se tiene

$$L\left\{z^{\frac{\beta}{k}-1}E^{k}_{k,\alpha,\beta}\left(k^{\frac{\alpha}{k}-1}az^{\alpha}\right)\right\} = \frac{s^{\frac{\alpha}{k}}k^{1-\frac{\beta}{k}}}{s^{\frac{\beta}{k}}\left(s^{\frac{\alpha}{k}}-a\right)}, \tag{2.32}$$

y sabiendo que $(k)_{n,k}=k^n n!$, el segundo miembro de (2.32) es

$$L\left\{z^{\frac{\beta}{k}-1}\sum_{n=0}^{\infty}\frac{k^n\left(k^{\frac{\alpha}{k}-1}az^{\alpha}\right)^n}{\Gamma_k(\alpha n+\beta)}\right\} = L\left\{z^{\frac{\beta}{k}-1}E_{k,\alpha,\beta}\left(k^{\frac{\alpha}{k}}az^{\alpha}\right)\right\}. \tag{2.33}$$

Sea $\frac{s^{\frac{\alpha-1}{k}}}{\left(s^{\frac{\alpha-1+k}{k}}+\lambda\right)}$; y considerando

$$\begin{aligned}
\frac{s^{\frac{\alpha-1}{k}}}{\left(s^{\frac{\alpha-1+k}{k}}+\lambda\right)} &= \frac{s^{\frac{\alpha-1+k}{k}}s^{-1}}{\left(s^{\frac{\alpha-1+k}{k}}+\lambda\right)} \\
&= \frac{s^{\frac{\alpha-1+k}{k}}}{s\left(s^{\frac{\alpha-1+k}{k}}+\lambda\right)} \\
&= L\left[E_{k,\frac{\alpha-1+k}{k}}\left(-k^{\frac{\alpha-1+k}{k^2}-1}\lambda t^{\frac{\alpha-1+k}{k}}\right)\right]. \quad (2.34)
\end{aligned}$$

Y

$$\frac{s^{-1}}{\left(s^{\frac{\alpha-1+k}{k}}+\lambda\right)} = \frac{s^{\frac{\alpha-1+k}{k}}+\left(-1-\frac{\alpha-1+k}{k}\right)}{\left(s^{\frac{\alpha-1+k}{k}}+\lambda\right)} = \frac{s^{\frac{\alpha-1+k}{k}}}{s^{1+\frac{\alpha-1+k}{k}}\left(s^{\frac{\alpha-1+k}{k}}+\lambda\right)} =$$

$$= L\left\{t^{1+\frac{\alpha-1+k}{k}-1}E_{k,\frac{\alpha-1+k}{k},1+\frac{\alpha-1+k}{k}}\left[(-k)^{\frac{\alpha-1+k}{k^2}-1}\lambda t^{\frac{\alpha-1+k}{k}}\right]\right\}. \quad (2.35)$$

De (2.31), (2.34) y (2.35) se tiene

$$\begin{aligned}
F(s) = f(0)L\left(t^{\frac{\alpha-1+k}{k}}E_{k,\frac{\alpha-1+k}{k},1+\frac{\alpha-1+k}{k}}\left[(-k)^{\frac{\alpha-1+k}{k^2}-1}\lambda t^{\frac{\alpha-1+k}{k}}\right]\right)+ \\
+\lambda L\left(E_{k,\frac{\alpha-1+k}{k}}\left[(-k)^{\frac{\alpha-1+k}{k^2}}\lambda t^{\frac{\alpha-1+k}{k}}\right]\right) \quad (2.36)
\end{aligned}$$

y aplicando la transformada inversa de Laplace resulta

$$\begin{aligned}
f(t) = L^{-1}\{F(s)\} = f(0)\cdot E_{k,\frac{\alpha-1+k}{k}}\left[(-k)^{\frac{\alpha-1+k}{k^2}}\lambda t^{\frac{\alpha-1+k}{k}}\right]+ \\
+\lambda t^{\frac{\alpha-1+k}{k}}E_{k,\frac{\alpha-1+k}{k},1+\frac{\alpha-1+k}{k}}\left[(-k)^{\frac{\alpha-1+k}{k^2}}\lambda t^{\frac{\alpha-1+k}{k}}\right] \quad (2.37)
\end{aligned}$$

Puede verse que, cuando $k=1$, de (2.37), se tiene

$$f(t) = f(0)E_{\alpha}\left(\lambda t^{\alpha}\right)+\lambda t^{\alpha}E_{\alpha,\alpha+1}\left(\lambda t^{\alpha}\right) \quad (2.38)$$

que es el resultado dado en [18].

Es importante ver que $E_{k,\frac{\alpha-1+k}{k},\frac{\alpha-1+k}{k}+1}\left((-kt)^{\frac{\alpha-1+k}{k}}\lambda\right)$ puede escribirse como

$$
\begin{aligned}
&E_{k,\frac{\alpha-1+k}{k},\frac{\alpha-1+k}{k}+1}\left((-kt)^{\frac{\alpha-1+k}{k}}\lambda\right)= \\
&\quad=-\frac{1}{\lambda(kt)^{\frac{\alpha-1+k}{k}}}\sum_{n=0}^{\infty}\frac{\left((-kt)^{\frac{\alpha-1+k}{k}}\lambda\right)^{n+1}}{\Gamma_k\left((n+1)\left(\frac{\alpha-1+k}{k}\right)+1\right)}= \\
&\quad=-\frac{1}{\lambda(kt)^{\frac{\alpha-1+k}{k}}}\left\{-\frac{1}{\Gamma_k(1)}+\sum_{n=0}^{\infty}\frac{\left((-kt)^{\frac{\alpha-1+k}{k}}\lambda\right)^{n}}{\Gamma_k\left((n+1)\frac{\alpha-1+k}{k}+1\right)}\right\}= \\
&\quad=-\frac{1}{\lambda(kt)^{\frac{\alpha-1+k}{k}}}\left\{-\frac{1}{\Gamma_k(1)}+E_{k,\frac{\alpha-1+k}{k}}\left(\lambda(-kt)^{\frac{\alpha-1+k}{k}}\right)\right\}. \qquad (2.39)
\end{aligned}
$$

Entonces, poniendo (2.39) en (2.37) resulta

$$
\begin{aligned}
f(t)=&f(0)E_{k,\frac{\alpha-1+k}{k}}\left(\lambda(-kt)^{\frac{\alpha-1+k}{k}}\right)+ \\
&+\frac{1}{k^{\frac{\alpha-1+k}{k}}}\left\{-\frac{1}{\Gamma_k(1)}+E_{k,\frac{\alpha-1+k}{k}}\left(\lambda(-kt)^{\frac{\alpha-1+k}{k}}\right)\right\} \qquad (2.40)
\end{aligned}
$$

o equivalentemente

$$
f(t)=E_{k,\frac{\alpha-1+k}{k}}\left(\lambda(kt)^{\frac{\alpha-1+k}{k}}\right)\left\{f(0)-\frac{1}{k^{\frac{\alpha-1+k}{k}}}\right\}+\frac{1}{k^{\frac{\alpha-1+k}{k}}}\frac{1}{\Gamma_k(1)}. \qquad (2.41)
$$

Tomando $k=1$ en esta última fórmula, resulta

$$
f(t)=E_{\alpha}\left(\lambda(-t)^{\alpha}\right)\{f(0)-1\}+1, \qquad (2.42)
$$

que cuando $\lambda=1$, coincide con el resultado dado por Figueiredo Camargo y Bruno-Alfonso en [18].

2.3. k-Derivada de Hilfer

En esta sección, se introduce un operador fraccionario que generaliza la derivada de Hilfer y que contiene como caso particular la k-derivada de Riemann-Liouville (2.1) y la generalización de la derivada fraccionaria de Caputo denominada k-derivada de Caputo (2.22).

Definición 16 *Sea μ, $\nu \in \mathbb{R}$ tal que $0 < \mu < 1$; $0 \leq \nu \leq 1$. Definimos*

$$({}^kD^{\mu,\nu}f)(x) = \left(I_k^{\nu(1-\mu)}\frac{d}{dx}(I_k^{(1-\mu)(1-\nu)}f)\right)(x) \tag{2.43}$$

donde I_k^{α}, es la k-integral de Riemann-Liouville definida en (1.105)

Notemos que si $\nu = 0$, $k = 1$ se tiene que

$$({}^kD^{\mu,0}f)(x) = \frac{d}{dx}(I_k^{(1-\mu)}f)(x), \tag{2.44}$$

que es la derivada de Riemann-Liouville clásica; mientras que si $k \neq 1$, se obtiene la k-derivada de Riemann-Lioville.

Por otro lado, si $\nu = k = 1$, se tiene la derivada fraccionaria de Caputo; mientras que el caso $\nu = 1$ y $k \neq 1$ corresponde a la k-derivada fraccionaria de Caputo.

En lo que sigue será de gran utilidad calcular en primera instancia la derivada de la función potencial ${}^kD^{\mu,\nu}[(t-a)^{\frac{\lambda}{k}-1}](x)$; para ello comenzamos calculando la integral fraccionaria:

$$I_k^{(1-\nu)(1-\mu)}[(t-a)^{\frac{\lambda}{k}-1}](x) = \frac{\Gamma_k(\lambda)}{\Gamma_k((1-\nu)(1-\mu)+\lambda)}(x-a)^{\frac{(1-\nu)(1-\mu)}{k}+\frac{\lambda}{k}-1}. \tag{2.45}$$

Derivando miembro a miembro la expresión anterior con respecto a la variable x, resulta

$$
\begin{aligned}
&\frac{d}{dx}\left\{I_k^{(1-\nu)(1-\mu)}[(t-a)^{\frac{\lambda}{k}-1}](x)\right\}=\\
&\quad=\frac{\Gamma_k(\lambda)(x-a)^{\frac{(1-\nu)(1-\mu)}{k}+\frac{\lambda}{k}-2}}{\Gamma_k((1-\nu)(1-\mu)+\lambda)}\left(\frac{(1-\nu)(1-\mu)}{k}+\frac{\lambda}{k}-1\right)=\\
&\quad=\frac{\Gamma_k(\lambda)}{k^{\frac{(1-\nu)(1-\mu)}{k}+\frac{\lambda}{k}-1}}\frac{(x-a)^{\frac{(1-\nu)(1-\mu)}{k}+\frac{\lambda}{k}-2}}{\Gamma\left(\frac{(1-\nu)(1-\mu)}{k}+\frac{\lambda}{k}-1+1\right)}\times\\
&\quad\times\left(\frac{(1-\nu)(1-\mu)}{k}+\frac{\lambda}{k}-1\right)=\\
&\quad=\frac{\Gamma_k(\lambda)}{kk^{\frac{(1-\nu)(1-\mu)}{k}+\frac{\lambda}{k}-2}}\frac{(x-a)^{\frac{(1-\nu)(1-\mu)}{k}+\frac{\lambda}{k}-2}}{\Gamma\left(\frac{(1-\nu)(1-\mu)}{k}+\frac{\lambda}{k}-1\right)}=\\
&\quad=\frac{\Gamma_k(\lambda)(x-a)^{\frac{(1-\nu)(1-\mu)}{k}+\frac{\lambda}{k}-2}}{k\Gamma_k\left((1-\nu)(1-\mu)+\lambda-k\right)}.
\end{aligned}
\tag{2.46}
$$

Ahora calculamos la k-integral fraccionaria de orden $\nu(1-\mu)$ del resultado anterior, y para ello hacemos $1-\nu=\sigma$, y $1-\mu=\rho$; entonces

$$
\begin{aligned}
&I_k^{(1-\sigma)\rho}\left[\frac{\Gamma_k(\lambda)(x-a)^{\frac{\sigma\rho+\lambda}{k}-2}}{k\Gamma(\sigma\rho+\lambda-k)}\right]=\\
&\quad=I_k^{(1-\sigma)\rho}\left[\frac{\Gamma_k(\lambda)(x-a)^{\frac{\sigma\rho+\lambda-k}{k}-1}}{k\Gamma(\sigma\rho+\lambda-k)}\right]=\\
&\quad=\frac{\Gamma_k(\lambda)\Gamma_k(\sigma\rho+\lambda-k)(x-a)^{\frac{(1-\sigma)\rho+\sigma\rho+\lambda-k}{k}-1}}{k\Gamma(\sigma\rho+\lambda-k)\Gamma_k\left((1-\sigma)\rho+\sigma\rho+\lambda-k\right)}=\\
&\quad=\frac{\Gamma_k(\lambda)}{k\Gamma_k(\rho+\lambda-k)}(x-a)^{\frac{\rho+\lambda-k}{k}-1}.
\end{aligned}
\tag{2.47}
$$

Luego se tiene finalmente que

$$
{}^kD^{\mu,\nu}[(t-a)^{\frac{\lambda}{k}-1}](x)=\frac{\Gamma_k(\lambda)}{k\Gamma_k(1-\mu+\lambda-k)}(x-a)^{\frac{1-\mu+\lambda-k}{k}-1}.\tag{2.48}
$$

Otro cálculo importante que se necesitará para lo que sigue es la k-derivada de Hilfer de una función de tipo Mittag-Leffler

$$ {}^kD^{\mu,\nu}[(t-a)^{\frac{\beta}{k}-1}E^{\gamma}_{k,\alpha,\beta}(w(t-a))^{\frac{\alpha}{k}}](x), $$

entonces utilizando el resultado anterior se tiene

$$ \begin{aligned} {}^kD^{\mu,\nu}&\left[\sum_{n=0}^{\infty}\frac{(\gamma)_{n,k}}{\Gamma_k(\alpha n+\beta)}\frac{w^n}{n!}(t-a)^{\frac{\alpha n+\beta}{k}-1}\right](x)= \\ &=\sum_{n=0}^{\infty}\frac{(\gamma)_{n,k}}{\Gamma_k(\alpha n+\beta)}\frac{w^n}{n!}\,{}^kD^{\mu,\nu}\left[(t-a)^{\frac{\alpha n+\beta}{k}-1}\right](x)= \\ &=\sum_{n=0}^{\infty}\frac{(\gamma)_{n,k}}{\Gamma_k(\alpha n+\beta)}\frac{w^n}{n!}\frac{(t-a)^{\frac{\alpha n+\beta+1-\mu-k}{k}-1}\Gamma_k(\alpha n+\beta)}{k\Gamma_k(1-\mu+\alpha n+\beta-k)}= \\ &=\frac{(x-a)^{\frac{\beta+1-\mu-k}{k}-1}}{k}E^{\gamma}_{k,\alpha,\beta+1-\mu-k}(w(x-a)^{\frac{\alpha}{k}}). \end{aligned} \tag{2.49} $$

Es decir

$$ \begin{aligned} {}^kD^{\mu,\nu}&[(t-a)^{\frac{\beta}{k}-1}E^{\gamma}_{k,\alpha,\beta}(w(t-a))^{\frac{\alpha}{k}}](x)= \\ &=\frac{(x-a)^{\frac{\beta+1-\mu-k}{k}-1}}{k}E^{\gamma}_{k,\alpha,\beta+1-\mu-k}(w(x-a)^{\frac{\alpha}{k}}). \end{aligned} \tag{2.50} $$

Proposición 2 *Sean α, β, μ, γ, $\delta\in\mathbb{C}$, tal que*

$$ \text{mín}\{\mathfrak{Re}(\alpha);\mathfrak{Re}(\beta);\mathfrak{Re}(\mu);\mathfrak{Re}(\nu);\mathfrak{Re}(\gamma);\mathfrak{Re}(\delta)\}>0. $$

Entonces

$$ \int_0^x (x-t)^{\frac{\beta}{k}-1}t^{\frac{\mu}{k}-1}E^{\gamma}_{k,\alpha,\beta}\left(k^{\frac{\alpha}{k}-1}w(x-t)^{\frac{\alpha}{k}}\right)E^{\delta}_{k,\alpha,\mu}\left(k^{\frac{\alpha}{k}-1}wt^{\frac{\alpha}{k}}\right)dt $$

$$ =kx^{\frac{\beta+\mu}{k}-1}E^{\delta+\gamma}_{k,\alpha,\beta+\mu}\left(k^{\frac{\alpha}{k}-1}wx^{\frac{\alpha}{k}}\right). \tag{2.51} $$

Demostración: Aplicando transformada de Laplace al primer miembro y usando (II.2) de [16] resulta

$$\mathcal{L}\left\{\int_0^x (x-t)^{\frac{\beta}{k}-1} t^{\frac{\mu}{k}-1} E^{\gamma}_{k,\alpha,\beta}\left(k^{\frac{\alpha}{k}-1} w (x-t)^{\frac{\alpha}{k}}\right) E^{\delta}_{k,\alpha,\mu}\left(k^{\frac{\alpha}{k}-1} w t^{\frac{\alpha}{k}}\right) dt\right\}(s)$$

$$= \frac{s^{\frac{\alpha\gamma}{k^2}} k^{1-\frac{\beta}{k}}}{s^{\frac{\beta}{k}}\left(s^{\frac{\alpha}{k}}-w\right)^{\frac{\gamma}{k}}} \frac{s^{\frac{\alpha\delta}{k^2}} k^{1-\frac{\mu}{k}}}{s^{\frac{\mu}{k}}\left(s^{\frac{\alpha}{k}}-w\right)^{\frac{\delta}{k}}}$$

$$= \frac{s^{\frac{\alpha(\gamma+\delta)}{k^2}} k^{1-\frac{(\beta+\mu)}{k}} k}{s^{\frac{\beta+\mu}{k}}\left(s^{\frac{\alpha}{k}}-w\right)^{\frac{\gamma+\delta}{k}}}. \qquad (2.52)$$

Luego, por unicidad la transformada inversa de Laplace se llega al resultado esperado.

□

Un rol muy importante en la solución de algunas ecuaciones diferenciales de orden fraccionario es la del siguiente operador, que será retomado con una ligera modificación en la sección 2.5 y que contiene en su núcleo la función k-Mittag-Leffler.

Definición 17 *Dados* $\alpha, \beta, \gamma, w \in \mathbb{C}$, $\mathfrak{Re}\left(\frac{\alpha n+\beta}{k}\right) > 1$ *se define el operador*

$$\left(\mathcal{E}^{\gamma}_{k,\alpha,\beta}\varphi\right)(x) = \int_0^x (x-t)^{\frac{\beta}{k}-1} E^{\gamma}_{k,\alpha,\beta}\left(w(x-t)^{\frac{\alpha}{k}}\right)\varphi(t)dt. \qquad (2.53)$$

El siguiente teorema establece una acotación para el operador anterior en el espacio de las funciones integrables Lebesgue

Teorema 3 *El operador* $\left(\mathcal{E}^{\gamma}_{k,\alpha,\beta}\varphi\right)(x)$ *está acotado en el espacio* $L(a,b)$ *de las funciones integrables Lebesgue.*

Demostración: Para demostrar este teorema, seguimos un procedimiento totalmente análogo al realizado en [51] llegando a

$$\left[\left(\mathcal{E}^{\gamma}_{k,\alpha,\beta}\varphi\right)(x)\right]_1 \leq \|\varphi\|_1 M \qquad (2.54)$$

donde

$$M = (b-a)^{\mathfrak{Re}(\frac{\beta}{k})} \sum_{n=0}^{\infty} \frac{\left|(\gamma)_{n,k}\left(w(b-a)^{\mathfrak{Re}(\frac{\alpha}{k})}\right)^n\right|}{\left[n\mathfrak{Re}(\frac{\alpha}{k}) + \mathfrak{Re}(\frac{\beta}{k})\right]\Gamma_k(\alpha n+\beta)n!}. \qquad (2.55)$$

□

El método de la transformada de Laplace es uno de los más utilizados para resolver ecuaciones diferenciales de orden fraccionario, en tal sentido, es muy importante establecer las siguientes dos proposiciones.

Proposición 3 *Dados* $0 < \mu < 1$, *y* $0 \leq \nu \leq 1$, *entonces la transformada de Laplace de la k-derivada de Hilfer es*

$$\mathcal{L}\{{}^kD^{\mu,\nu}f(x)\}(s) = \frac{s\mathcal{L}\{f(x)\}(s)}{(ks)^{\frac{1-\mu}{k}}} - \frac{I_k^{(1-\mu)(1-\nu)}f(0)}{(ks)^{\frac{(1-\mu)\nu}{k}}}. \tag{2.56}$$

Demostración: Para demostrar, aplicamos la transformada de Laplace a la definición (2.43) y usamos el resultado obtenido al calcular la transformada de Laplace de la k-integral fraccionaria hecho en [46].

$$\begin{aligned}
\mathcal{L}\{{}^kD^{\mu,\nu}f(x)\}(s) &= \mathcal{L}\{I_k^{\nu(1-\mu)}\frac{d}{dx}\left(I_k^{(1-\mu)(1-\nu)}f\right)(x)\}(s) \\
&= \frac{\mathcal{L}\{\frac{d}{dx}\left(I_k^{(1-\mu)(1-\nu)}f\right)(x)\}(s)}{(ks)^{\frac{(1-\mu)\nu}{k}}} \\
&= \frac{s\mathcal{L}\{\left(I_k^{(1-\nu)(1-\mu)}f\right)(x)\}(s)}{(ks)^{\frac{(1-\mu)\nu}{k}}} - \frac{I_k^{(1-\nu)(1-\mu)}f(0)}{(ks)^{\frac{(1-\mu)\nu}{k}}} \\
&= \frac{s\mathcal{L}\{f(x)\}(s)}{(ks)^{\frac{(1-\mu)\nu+(1-\nu)(1-\mu)}{k}}} - \frac{I_k^{(1-\nu)(1-\mu)}f(0)}{(ks)^{\frac{(1-\mu)\nu}{k}}} \\
&= \frac{s\mathcal{L}\{f(x)\}(s)}{(ks)^{\frac{(1-\mu)}{k}}} - \frac{I_k^{(1-\nu)(1-\mu)}f(0)}{(ks)^{\frac{(1-\mu)\nu}{k}}}.
\end{aligned} \tag{2.57}$$

□

Proposición 4 *Dados* α ,β, $\gamma \in \mathbb{C}$, $\mathfrak{Re}(\alpha) > 0$, $\mathfrak{Re}(\beta) > 0$, $\mathfrak{Re}(\gamma) > 0$, $\mathfrak{Re}(s) > 0$, *y* $|k^{1-\frac{\alpha}{k}}ws^{-\alpha/k}| < 1$. *Entonces se cumple que*

$$\mathcal{L}\left\{\left(\mathcal{E}_{k,\alpha,\beta}^{\gamma}\varphi\right)(x)\right\}(s) = \frac{s^{\frac{\alpha\gamma}{k^2}}k^{1-\frac{\beta}{k}}}{s^{\frac{\beta}{k}}(s^{\frac{\alpha}{k}} - k^{1-\frac{\alpha}{k}}w)^{\frac{\gamma}{k}}}\mathcal{L}\{\varphi(t)\}(s) \tag{2.58}$$

Demostración: Aplicando transformada de Laplace y poniendo $w = k^{\frac{\alpha}{k}-1}a$ en (II.19) de [16] resulta

$$\begin{aligned}
\mathcal{L}\{\left(\mathcal{E}^{\gamma}_{k,\alpha,\beta}\varphi\right)(x)\}(s) &= \mathcal{L}\{\int_0^x (x-t)^{\frac{\beta}{k}-1}E^{\gamma}_{k,\alpha,\beta}\left(w(x-t)^{\frac{\alpha}{k}}\right)\varphi(t)dt\}(s) \\
&= \mathcal{L}\{x^{\frac{\beta}{k}-1}E^{\gamma}_{k,\alpha,\beta}(wx^{\frac{\alpha}{k}}) * \varphi(t)\}(s) \\
&= \mathcal{L}\{x^{\frac{\beta}{k}-1}E^{\gamma}_{k,\alpha,\beta}(wx^{\frac{\alpha}{k}})\}(s)\mathcal{L}\{\varphi(t)\}(s) \\
&= \frac{s^{\frac{\alpha\gamma}{k^2}}k^{1-\frac{\beta}{k}}}{s^{\frac{\beta}{k}}(s^{\frac{\alpha}{k}} - k^{1-\frac{\alpha}{k}}w)^{\frac{\gamma}{k}}}\mathcal{L}\{\varphi(t)\}(s). \qquad (2.59)
\end{aligned}$$

□

A continuación se presenta una aplicación de la k-derivada de Hilfer y del operador (2.53) en la generalización de una ecuación integro-diferencial de orden no entero planteada en [51].

2.3.1. Aplicación

Proposición 5 *Dados $0 < \mu < 1$, $0 \leq \nu \leq 1$ la siguiente ecuación diferencial fraccionaria:*

$$^{k}D^{\mu,\nu}y(x) = \lambda\left(\mathcal{E}^{\gamma}_{k,\alpha,\beta}\varphi\right)(x) + f(x) \qquad (2.60)$$

con condiciones iniciales:

$$I_k^{(1-\mu)(1-\nu)}y(0) = C, \quad C \textit{ constante real arbitraria}. \qquad (2.61)$$

tiene una solución dada por

$$\begin{aligned}
y(x) = \lambda k[x^{\frac{\beta}{k}}E^{\gamma}_{k,\alpha,\beta}(wx^{\frac{\alpha}{k}}) * I_k^{k+\mu-1}\varphi(x)] + \\
+ kI_k^{k+\mu-1\varphi}f(x) + kI_k^{(1-\mu)(1-\nu)+k}C \qquad (2.62)
\end{aligned}$$

donde

$$I_k^{(1-\mu)(1-\nu)+k}C = \frac{-C}{((1-\nu)(1-\mu)+k)}\frac{x^{\frac{(1-\nu)(1-\mu)}{k}+1}}{\Gamma_k((1-\mu)(1-\nu)+k)}. \qquad (2.63)$$

Demostración: Aplicando transformada de Laplace a ambos miembros de (2.60) y usando las condiciones (2.61)

$$\mathcal{L}\{{}^kD^{\mu,\nu}y(x)\}(s) = \lambda\mathcal{L}\{\left(\mathcal{E}^{\gamma}_{k,\alpha,\beta}\varphi\right)(x)\}(s)+\mathcal{L}\{f(x)\}(s) \quad (2.64)$$

resulta

$$\begin{aligned}\frac{s\mathcal{L}\{y(x)\}(s)}{(ks)^{\frac{1-\mu}{k}}} &= \lambda\frac{s^{\frac{\alpha\gamma}{k^2}}k^{1-\frac{\beta}{k}}}{s^{\frac{\beta}{k}}(s^{\frac{\alpha}{k}}-k^{1-\frac{\alpha}{k}}w)^{\frac{\gamma}{k}}}\mathcal{L}\{\varphi(t)\}(s)+\\ &+\mathcal{L}\{f(x)\}(s)+\frac{C}{(ks)^{\frac{(1-\mu)\nu}{k}}}\end{aligned} \quad (2.65)$$

Despejando la transformada de Laplace de la función $y(x)$:

$$\begin{aligned}&\mathcal{L}\{y(x)\}(s)=\\ &=\lambda\frac{s^{\frac{\alpha\gamma}{k^2}}k^{1-\frac{\beta}{k}}(ks)^{\frac{1-\mu}{k}}}{ss^{\frac{\beta}{k}}(s^{\frac{\alpha}{k}}-k^{1-\frac{\alpha}{k}}w)^{\frac{\gamma}{k}}}\mathcal{L}\{\varphi(t)\}(s)+\frac{\mathcal{L}\{f(x)\}(s)(ks)^{\frac{1-\mu}{k}}}{s}+\\ &\qquad+\frac{C(ks)^{\frac{1-\mu}{k}}}{s(ks)^{\frac{(1-\mu)\nu}{k}}}=\end{aligned}$$

$$\begin{aligned}&=k\lambda\frac{s^{\frac{\alpha\gamma}{k^2}}k^{1-\frac{\beta}{k}}(ks)^{\frac{1-\mu}{k}}}{kss^{\frac{\beta}{k}}(s^{\frac{\alpha}{k}}-k^{1-\frac{\alpha}{k}}w)^{\frac{\gamma}{k}}}\mathcal{L}\{\varphi(t)\}(s)+k\frac{\mathcal{L}\{f(x)\}(s)(ks)^{\frac{1-\mu}{k}}}{ks}+\\ &\qquad+k\frac{C(ks)^{\frac{1-\mu}{k}}}{ks(ks)^{\frac{(1-\mu)\nu}{k}}}=\end{aligned}$$

$$\begin{aligned}&=k\lambda\frac{s^{\frac{\alpha\gamma}{k^2}}k^{1-\frac{\beta}{k}}}{s^{\frac{\beta}{k}}(s^{\frac{\alpha}{k}}-k^{1-\frac{\alpha}{k}}w)^{\frac{\gamma}{k}}}\frac{\mathcal{L}\{\varphi(t)\}(s)}{(ks)^{\frac{k+\mu-1}{k}}}+k\frac{\mathcal{L}\{f(x)\}(s)}{(ks)^{\frac{\mu-1+k}{k}}}+\\ &\qquad+\frac{kC}{(ks)^{\frac{(1-\mu)(1-\nu)+k}{k}}}=\end{aligned}$$

$$\begin{aligned}&=k\lambda\mathcal{L}\{x^{\frac{\beta}{k}-1}E^{\gamma}_{k,\alpha,\beta}(wx^{\frac{\alpha}{k}})\}(s)\mathcal{L}\{I_k^{k+\mu-1}\varphi(x)\}(s)+\\ &\qquad+k\mathcal{L}\{I_k^{k+\mu-1}f(x)\}(s)+k\mathcal{L}\{I_k^{(1-\mu)(1-\nu)+k}C\}(s)=\end{aligned}$$

$$= k\lambda\mathcal{L}\{x^{\frac{\beta}{k}-1}E^{\gamma}_{k,\alpha,\beta}(wx^{\frac{\alpha}{k}}) * I_k^{k+\mu-1}\varphi(x)\}(s)+$$
$$+ k\mathcal{L}\{I_k^{k+\mu-1}f(x)\}(s) + +k\mathcal{L}\{I_k^{(1-\mu)(1-\nu)+k}C\}(s).$$

Finalmente, por unicidad de la transformada inversa, resulta

$$y(x) = k\lambda[x^{\frac{\beta}{k}-1}E^{\gamma}_{k,\alpha,\beta}(wx^{\frac{\alpha}{k}}) * I_k^{k+\mu-1}\varphi(x)] + kI_k^{k+\mu-1}f(x)+$$
$$+ kI_k^{(1-\mu)(1-\nu)+k}C. \quad (2.66)$$

El último término puede calcularse usando (1.105) y entonces se llega a

$$I_k^{(1-\mu)(1-\nu)+k}C = \frac{-C}{((1-\nu)(1-\mu)+k)}\frac{x^{\frac{(1-\nu)(1-\mu)}{k}+1}}{\Gamma_k((1-\mu)(1-\nu)+k)} \quad (2.67)$$

□

2.4. Otra versión de la k-Derivada de Riemann-Liouville

La observación de que la k-derivada definida por (2.1) no es un operador inverso a izquierda del operador (1.105) motivó que en 2013 se introdujera una nueva definición de la k-derivada fraccionaria de Riemann-Liouville (cf. [17]) que se ajustara a esta idea clásica. Entonces, partiendo de la idea de resolver la siguiente generalización de la ecuación integral de Abel de primera especie

$$I_k^{\alpha}f(t) = u(t) \quad (2.68)$$

se observa que para hacerlo, es conveniente introducir un operador inverso a izquierda de orden α del operador (1.105). Para ello, usando la relación (1.59) observamos que la k-integral fraccionaria introducida en [37] está relacionada con la integral fraccionaria de Riemann-Liouville clásica por medio de

$$I_k^{\alpha}f(t) = k^{-\frac{\alpha}{k}}I^{\frac{\alpha}{k}}f(t). \quad (2.69)$$

Por lo tanto, reemplazando (2.69) en (2.68) obtenemos

$$I^{\frac{\alpha}{k}}f(t) = k^{\frac{\alpha}{k}}u(t), \quad (2.70)$$

y como el operador $D^{\frac{\alpha}{k}}$ es inverso a izquierda de $I^{\frac{\alpha}{k}}$ ahora se tiene que

$$f(t) = D^{\frac{\alpha}{k}} k^{\frac{\alpha}{k}} u(t). \tag{2.71}$$

Ahora bien, reescribiendo esta última ecuación en términos de la derivada de Riemann-Liouville clásica, resulta

$$f(t) = k^{\frac{\alpha}{k}} \left(\frac{d}{dt}\right)^p I^{p-\frac{\alpha}{k}} u(t), \quad \text{donde} \quad p = [\alpha/k] + 1. \tag{2.72}$$

Pero entonces, utilizando una vez más (2.70) se llega finalmente a lo siguiente

$$\begin{aligned} f(t) &= k^{\frac{\alpha}{k}} \left(\frac{d}{dt}\right)^p I^{\frac{pk-\alpha}{k}} u(t) \\ &= \left(\frac{d}{dt}\right)^p k^{\frac{\alpha}{k}} k^{\frac{pk-\alpha}{k}} I_k^{pk-\alpha} u(t) \\ &= \left(\frac{d}{dt}\right)^p k^p I_k^{pk-\alpha} u(t) \end{aligned} \tag{2.73}$$

Esta última igualdad nos permite introducir formalmente en la siguiente definición el operador inverso a izquierda del operador integral introducido en [37].

Definición 18 *Dados $k, \alpha \in \mathbb{R}^+$ y $n \in \mathbb{N}$ tales que $n = [\frac{\alpha}{k}] + 1$, $f \in L^1([0,\infty))$ y $I_k^{nk-\alpha} f(t) \in W^{n,1}[a,\infty)$; la k-derivada fraccionaria de Riemann-Liouville modificada viene dada por*

$${}_k\mathfrak{D}^{\alpha}_{RL} f(t) = \left(\frac{d}{dt}\right)^n k^n I_k^{nk-\alpha} f(t) \tag{2.74}$$

Notemos en primer lugar que, usando (1.59) y (1.106) se tiene que

$$
\begin{aligned}
{}_k\mathfrak{D}^{\alpha}_{RL} I_k^{\alpha} f(t) &= \left(\frac{d}{dt}\right)^n k^n I_k^{nk-\alpha}\left(I_k^{\alpha} f(t)\right) \\
&= \left(\frac{d}{dt}\right)^n k^n I_k^{nk} f(t) \\
&= k^n \left(\frac{d}{dt}\right)^n \frac{1}{k\Gamma_k(nk)} \int_0^t (t-\tau)^{\frac{nk}{k}-1} f(\tau)d\tau \\
&= k^n \left(\frac{d}{dt}\right)^n \frac{1}{kk^{n-1}\Gamma(nk/k)} \int_0^t (t-\tau)^{n-1} f(\tau)d\tau \\
&= \left(\frac{d}{dt}\right)^n \frac{1}{\Gamma(n)} \int_0^t (t-\tau)^{n-1} f(\tau)d\tau \\
&= \left(\frac{d}{dt}\right)^n I^n f(t) \\
&= f(t). \qquad (2.75)
\end{aligned}
$$

Esto prueba que efectivamente el operador ${}_k\mathfrak{D}^{\alpha}_{RL}$ es inverso a izquierda de su correspondiente operador integral I_k^{α}. Además, de lo anterior se tiene que

$$\left(\frac{d}{dt}\right)^n k^n I_k^{nk} f(t) = f(t) \qquad (2.76)$$

y tomando el caso particular $k = 1$ resulta

$${}_1\mathfrak{D}^{\alpha}_{RL} f(t) = D^{\alpha}_{RL} f(t), \qquad (2.77)$$

donde $D^{\alpha}_{RL} f(t)$ es la clásica derivada de Riemann-Liouville.

A continuación, se presentan algunas propiedades básicas de la k-derivada fraccionaria de Riemann-Liouville modificada.

Proposición 6 *Sean $f \in L^1([0,\infty))$, $k, \alpha, \beta \in \mathbb{R}^+$ y $n, m \in \mathbb{N}$ tales que $n = [\frac{\alpha}{k}] + 1$ y $m = [\frac{\beta}{k}] + 1$; entonces*

$$\text{Si } \beta > \alpha \qquad {}_k\mathfrak{D}^{\alpha}_{RL} I_k^{\beta} f(t) = I_k^{\beta-\alpha} f(t). \qquad (2.78)$$

$$\text{Si } \beta < \alpha \qquad {}_k\mathfrak{D}^{\alpha}_{RL} I_k^{\beta} f(t) = {}_k\mathfrak{D}^{\alpha-\beta}_{RL} f(t). \qquad (2.79)$$

Demostración: Ambas relaciones, resultan de la propiedad de semigrupo (1.106), en efecto:

Para el caso (5.10)

$$ {}_k\mathfrak{D}^{\alpha}_{RL} I^{\beta}_k f(t) = {}_k\mathfrak{D}^{\alpha}_{RL}\left(I^{\alpha}_k I^{\beta-\alpha}_k f(t)\right) = I^{\beta-\alpha}_k f(t). \tag{2.80}$$

Para el caso (2.79) tenemos

$$\begin{aligned} {}_k\mathfrak{D}^{\alpha}_{RL} I^{\beta}_k f(t) &= k^n \left(\frac{d}{dt}\right)^n I^{nk-\alpha}_k \left(I^{\beta}_k f(t)\right) \\ &= k^{n-m}\left(\frac{d}{dt}\right)^{n-m}\left(\frac{d}{dt}\right)^m k^m I^{(n-m)k-\alpha}_k \left(I^{mk}_k I^{\beta}_k f(t)\right) \\ &= k^{n-m}\left(\frac{d}{dt}\right)^{n-m}\left(\frac{d}{dt}\right)^m k^m I^{mk}_k \left(I^{(n-m)k-\alpha}_k I^{\beta}_k f(t)\right) \\ &= k^{n-m}\left(\frac{d}{dt}\right)^{n-m} I^{(n-m)k-(\alpha-\beta)} f(t) \\ &= {}_k\mathfrak{D}^{\alpha-\beta}_{RL} f(t). \end{aligned} \tag{2.81}$$

□

Proposición 7 *Dados $k, \alpha \in \mathbb{R}^+$ y $r, n \in \mathbb{N}$ tales que $n = [\frac{\alpha}{k}] + 1$, $f \in L^1([0,\infty))$ y $I^{\alpha}_k f(t) \in AC^{r-1}([0,\infty))$ donde*

$$AC^{r-1}([0,\infty)) = \{f \in C^{r-1}([0,\infty))/f^{(r-1)} \text{ es absolutamente continua}\}; \tag{2.82}$$

entonces

$$\left(\frac{d}{dt}\right)^r I^{\alpha}_k f(t) = \frac{1}{k^r} I^{\alpha-rk}_k f(t), \quad \text{si } rk \leq \alpha. \tag{2.83}$$

$$\left(\frac{d}{dt}\right)^r I^{\alpha}_k f(t) = \frac{1}{k^r}\, {}_k\mathfrak{D}^{rk-\alpha}_{RL} f(t), \quad \text{si } rk > \alpha. \tag{2.84}$$

Demostración: Para probar (2.83) es suficiente derivar r-veces la integral de orden α.

Probemos entonces (2.84), para ello, comenzando por el segundo miembro, tomamos $p = [rk - \alpha] + 1$ y usamos (2.76)

$$
\begin{aligned}
\frac{1}{k^r}{}_k\mathfrak{D}_{RL}^{rk-\alpha}f(t) &= \frac{k^p}{k^r}\left(\frac{d}{dt}\right)^p I_k^{pk-rk+\alpha}f(t) \\
&= k^{p-r}\left(\frac{d}{dt}\right)^p I_k^{(p-r)k}I_k^{\alpha}f(t) \\
&= \left(\frac{d}{dt}\right)^r\left(\frac{d}{dt}\right)^{p-r} k^{p-r}I_k^{(p-r)k}I_k^{\alpha}f(t) \\
&= \left(\frac{d}{dt}\right)^r I_k^{\alpha}f(t). \qquad (2.85)
\end{aligned}
$$

□

Proposición 8 *Dados $n \in \mathbb{N}$ y $\alpha \in \mathbb{R}^+$ tales que $n = [\frac{\alpha}{k}] + 1$, $f \in L^1([0,\infty))$ y $I_k^{nk-\alpha} \in AC^n([0,\infty))$; entonces*

$$I_k^{\alpha}{}_k\mathfrak{D}_{RL}^{\alpha}f(t) = f(t) - \sum_{j=1}^{n} {}_k\mathfrak{D}_{RL}^{\alpha-jk}f(t)|_{t=0}\frac{t^{\frac{\alpha}{k}-j}}{k\Gamma_k(\alpha-jk+k)}. \qquad (2.86)$$

<u>*Demostración:*</u> Usando (1.59), (2.84) y la regla de derivación para una integral paramétrica tenemos que

$$I_k^{\alpha}{}_k\mathfrak{D}_{RL}^{\alpha}f(t) = \frac{d}{dt}\underbrace{\left[\frac{1}{k.k^{\frac{\alpha}{k}-1}\Gamma\left(\frac{\alpha}{k}+1\right)}\int_0^t (t-\tau)^{\frac{\alpha}{k}}{}_k\mathfrak{D}_{RL}^{\alpha}f(\tau)d\tau\right]}_{(*)}. \qquad (2.87)$$

Integrando por partes n-veces la expresión del corchete y aplicando

(2.74)

$$
\begin{aligned}
(*) &= \frac{1}{k.k^{\frac{\alpha}{k}-1}\Gamma\left(\frac{\alpha}{k}-n+1\right)}\int_0^t (t-\tau)^{\frac{\alpha}{k}-n}k^n I_k^{nk-\alpha}f(\tau)d\tau - \\
&\quad -\sum_{j=1}^{n}\frac{t^{\frac{\alpha}{k}-j+1}}{k.k^{\frac{\alpha}{k}-1}\Gamma\left(\frac{\alpha}{k}-j+2\right)}\left(\frac{d}{dt}\right)^{n-j}k^n I_k^{nk-\alpha}f(\tau)|_{\tau=0} = \\
&= \frac{k}{k\Gamma_k(\alpha-nk+k)}\int_0^t (t-\tau)^{\frac{\alpha-nk+k}{k}-1}I_k^{nk-\alpha}f(\tau)d\tau - \\
&\quad -\sum_{j=1}^{n}k^n\left(\frac{d}{dt}\right)^{n-j}I_k^{nk-\alpha}f(\tau)|_{\tau=0}\frac{t^{\frac{\alpha}{k}-j+1}}{k.k^{\frac{\alpha}{k}-1}\Gamma\left(\frac{\alpha-jk}{k}+2\right)} = \\
&= kI_k^{\alpha-nk+k}I_k^{nk-\alpha}f(t) - \sum_{j=1}^{n}k^{j-1}{}_k\mathfrak{D}_{RL}^{\alpha-jk}f(\tau)|_{\tau=0}\frac{t^{\frac{\alpha-jk}{k}+1}}{k^{\frac{\alpha}{k}-1}\Gamma\left(\frac{\alpha-jk}{k}+2\right)} = \\
&= kI_k^k f(t) - \sum_{j=1}^{n}{}_k\mathfrak{D}_{RL}^{\alpha-jk}f(\tau)|_{\tau=0}\frac{k^{j-1}t^{\frac{\alpha-jk}{k}+1}}{k^{\frac{\alpha}{k}-1}\Gamma\left(\frac{\alpha-jk}{k}+2\right)}. \qquad (2.88)
\end{aligned}
$$

Finalmente, reemplazando (2.88) en (2.87) resulta

$$
\begin{aligned}
I_k^\alpha{}_k\mathfrak{D}_{RL}^\alpha f(t) &= \frac{d}{dt}kI_k^k f(t) - \\
&\quad -\sum_{j-1}^{n}{}_k\mathfrak{D}_{RL}^{\alpha-jk}f(\tau)|_{\tau=0}\frac{k^{j-1}}{k^{\frac{\alpha}{k}-1}\Gamma\left(\frac{\alpha-jk}{k}+2\right)}\left(\frac{d}{dt}\right)t^{\frac{\alpha-jk}{k}+1} = \\
&= f(t) - \sum_{j=1}^{n}{}_k\mathfrak{D}_{RL}^{\alpha-jk}f(0)\frac{k^{j-1}}{k^{\frac{\alpha}{k}-1}\Gamma\left(\frac{\alpha-jk}{k}+1\right)}t^{\frac{\alpha}{k}-j} = \\
&= f(t) - \sum_{j=1}^{n}{}_k\mathfrak{D}_{RL}^{\alpha-jk}f(0)\frac{k^{j-1}}{\Gamma_k(\alpha-jk+k)}t^{\frac{\alpha}{k}-j}. \qquad (2.89)
\end{aligned}
$$

□

Proposición 9 *Dados* $r, n \in \mathbb{N}$ *y* $\alpha \in \mathbb{R}^+$ *tales que* $n = [\frac{\alpha}{k}] + 1$; $f \in L^1([0,\infty))$ *y* $I_k^{nk-\alpha}f(t) \in AC^{n+r-1}([0,\infty))$, *entonces*

$$
\left(\frac{d}{dt}\right)^r [{}_k\mathfrak{D}_{RL}^\alpha f(t)] = \frac{1}{k^r}{}_k\mathfrak{D}_{RL}^{rk+\alpha}f(t). \qquad (2.90)
$$

<u>*Demostración:*</u> Partiendo del primer miembro y usando (2.84) y (2.74) se tiene

$$\begin{aligned}\left(\frac{d}{dt}\right)^r [{}_k\mathfrak{D}^{\alpha}_{RL} f(t)] &= \left(\frac{d}{dt}\right)^r \left[\left(\frac{d}{dt}\right)^n k^n I_k^{nk-\alpha} f(t)\right] \\ &= k^n \left(\frac{d}{dt}\right)^{n+r} I_k^{nk-\alpha} f(t) \\ &= k^n \frac{1}{k^{r+n}} {}_k\mathfrak{D}^{(n+r)k-nk+\alpha}_{RL} f(t) \\ &= \frac{1}{k^r} {}_k\mathfrak{D}^{rk+\alpha}_{RL} f(t). \qquad (2.91)\end{aligned}$$

□

Proposición 10 *Sean $r, n \in \mathbb{N}$, y $\alpha \in \mathbb{R}^+$ tales que $n = [\frac{\alpha}{k}] + 1$ y $f \in C^{n+r-1}([0, \infty))$; entonces*

$$ {}_k\mathfrak{D}^{\alpha}_{RL} f^{(r)}(t) = \frac{1}{k^r} {}_k\mathfrak{D}^{rk+\alpha}_{RL} f(t) - \sum_{j=1}^{r} k^{n-j-1} f^{(r-j)}(0) \frac{t^{-\frac{\alpha}{k}-j}}{\Gamma_k(k - jk - \alpha)}. \qquad (2.92)$$

<u>*Demostración:*</u> De (2.74), resulta

$$ {}_k\mathfrak{D}^{\alpha}_{RL} f^{(r)}(t) = \left(\frac{d}{dt}\right)^n k^n I_k^{nk-\alpha} f^{(r)}(t). \qquad (2.93)$$

Calculando la integral $I_k^{nk-\alpha} f^{(r)}(t)$ vía integración por parte r-veces resulta

$$\begin{aligned} I_k^{nk-\alpha} f^{(r)}(t) &= \frac{1}{k^{r+1}\Gamma_k(nk - \alpha - rk)} \int_0^t (t-\tau)^{\frac{nk-\alpha-rk}{k}-1} f(\tau) d\tau - \\ &- \sum_{j=1}^{r} \frac{f^{(r-j)}(0)}{k^{j+1}} \frac{t^{\frac{nk-\alpha}{k}-j}}{\Gamma_k(nk - \alpha - jk + k)} = \\ &= \frac{1}{k^r} I_k^{nk-\alpha-rk} f(t) - \sum_{j=1}^{r} \frac{f^{(r-j)}(0)}{k^{j+1}} \frac{t^{\frac{nk-\alpha}{k}-j}}{\Gamma_k(nk - \alpha - jk + k)}. \qquad (2.94)\end{aligned}$$

Ahora, sustituyendo (2.94) en (2.93) se tiene

$$
{}_k\mathfrak{D}^{\alpha}_{RL} f^{(r)}(t) = \left(\frac{d}{dt}\right)^n k^n \frac{1}{k^r} I_k^{nk-\alpha-rk} f(t) - \\
- \sum_{j=1}^{r} \frac{f^{(r-j)}(0)}{k^{j+1}} \left(\frac{d}{dt}\right)^n \frac{t^{\frac{nk-\alpha}{k}-j}}{\Gamma_k(nk-\alpha-jk+k)}. \quad (2.95)
$$

Finalmente, aplicando (2.84) resulta

$$
{}_k\mathfrak{D}^{\alpha}_{RL} f^{(r)}(t) = \frac{1}{k^r} {}_k\mathfrak{D}^{rk+\alpha}_{RL} f(t) - \sum_{j=1}^{r} k^{n-j-1} f^{(r-j)}(0) \frac{t^{-\frac{\alpha}{k}-j}}{\Gamma_k(k-jk-\alpha)}. \quad (2.96)
$$

□

Proposición 11 *Dadas f y ${}_k\mathfrak{D}^{\alpha}_{RL} f(t)$ continuas por partes y de orden exponencial, la transformada de Laplace de la k-derivada fraccionaria de Riemann-Liouville modificada de f esta dada por*

$$
\mathcal{L}\{{}_k\mathfrak{D}^{\alpha}_{RL} f(t)\}(s) = (ks)^{\frac{\alpha}{k}} \mathcal{L}\{f(t)\}(s) - \sum_{j=0}^{n-1} k (ks)^j {}_k\mathfrak{D}^{\alpha-jk-k}_{RL} f(0). \quad (2.97)
$$

<u>*Demostración:*</u> Aplicando transformada de Laplace en la definición (2.74) y usando las ecuaciones (2.5) y (2.84) se obtiene

$$
\mathcal{L}\{{}_k\mathfrak{D}^{\alpha}_{RL} f(t)\}(s) = \mathcal{L}\{\left(\frac{d}{dt}\right)^n k^n I_k^{nk-\alpha} f(t)\}(s) =
$$

$$
= s^n \mathcal{L}\{k^n I_k^{nk-\alpha} f(t)\}(s) - \sum_{j=0}^{n-1} s^j \left(\frac{d}{dt}\right)^{n-j-1} k^n I_k^{nk-\alpha} f(t)|_{t=0} =
$$

$$
= k^n \left[s^n \mathcal{L}\{I_k^{nk-\alpha} f(t)\}(s) - \sum_{j=0}^{n-1} s^j \left(\frac{d}{dt}\right)^{n-j-1} I_k^{nk-\alpha} f(t) \,|_{t=0} \right] =
$$

$$
= k^n \left[s^n (ks)^{-\frac{nk-\alpha}{k}} \mathcal{L}\{f(t)\}(s) - \sum_{j=0}^{n-1} s^j k_k^{-n+j+1} \mathfrak{D}^{\alpha-jk-k}_{RL} f(t) \,|_{t=0} \right] =
$$

$$= (ks)^n (ks)^{-\frac{nk-\alpha}{k}} \mathcal{L}\{f(t)\}(s) - \sum_{j=0}^{n-1} s^j k_k^{j+1} \mathfrak{D}_{RL}^{\alpha-jk-k} f(t)\mid_{t=0} =$$

$$= (ks)^{\frac{\alpha}{k}} \mathcal{L}\{f(t)\}(s) - \sum_{j=0}^{n-1} k(ks)_k^j \mathfrak{D}_{RL}^{\alpha-jk-k} f(t)\mid_{t=0} . \qquad (2.98)$$

□

2.4.1. Algunos ejemplos de aplicación

Proposición 12 *Dados $k, \alpha, \gamma \in \mathbb{R}^+$ y $n \in \mathbb{N}$ tales $n = [\frac{\alpha}{k}] + 1$ entonces*

$${}_k\mathfrak{D}_{RL}^{\alpha}\left(t^{\frac{\gamma}{k}-1}\right) = \frac{k^n \Gamma_k(\gamma)}{\Gamma_k(\gamma-\alpha)} t^{\frac{\gamma-\alpha}{k}-1}. \qquad (2.99)$$

La sencilla demostración resulta de la definición 6 y de la fórmula (11) de [37]. Si se toma el caso paraticular $\gamma = k$ resulta

$${}_k\mathfrak{D}_{RL}^{\alpha}(1) = \frac{k^n \Gamma_k(k)}{\Gamma_k(k-\alpha)} t^{-\frac{\alpha}{k}} = \frac{k^n}{\Gamma_k(k-\alpha)} t^{-\frac{\alpha}{k}}. \qquad (2.100)$$

Esto es, la k-derivada fraccionaria de Riemann-Liouville modificada de una función constante no es cero a menos que $\alpha = pk$ para $p \in \mathbb{N}$.

Proposición 13 *Dados $\nu, \alpha, \beta, \gamma, k \in \mathbb{R}^+$ y $n \in \mathbb{N}$ tales que $n = [\frac{\nu}{k}] + 1$; entonces*

$${}_k\mathfrak{D}_{RL}^{\nu}\left(t^{\frac{\beta}{k}-1} E_{k,\alpha,\beta}^{\gamma}(t^{\frac{\alpha}{k}})\right) = k^n t^{\frac{\beta-\nu}{k}-1} E_{k,\alpha,\beta-\nu}^{\gamma}(t^{\frac{\alpha}{k}}) \qquad (2.101)$$

donde

$$E_{k,\alpha,\beta}^{\gamma}(z) = \sum_{j=0}^{\infty} \frac{z^j (\gamma)_{j,k}}{j! \Gamma_k(\alpha j + \beta)} \qquad (2.102)$$

es la función k-Mittag-Leffler introducida en [16].

La demostración se hace usando (2.74), la fórmula (2.99) y la convergencia uniforme de la serie (2.102).

2.5. k-Derivada de Prabhakar

En años recientes, uno de los intereses en investigación en Cálculo Fraccionario ha sido la generalización de operadores de diferenciación e integración. En muchas generalizaciones de los operadores de integración se han reemplazado los núcleos de esos operadores por funciones especiales tales como la función hipergeométrica de Gauss, funciones de tipo Mittag-Leffler, la función de Wright, la función G de Meijer y la función H de Fox. Un interesante trabajo que reúne muchos de esos resultados es el debido a Srivastava y Saxena (cf. [52]) titulado *Operators of fractional integration and their applications*. No obstante, en ese trabajo no se menciona el operador integral de Prabhakar (cf. [42]), éste operador contiene en su núcleo una función de tipo Mittag-Leffler de tres parámetros. En 2004, el estudio de éste operador fue retomado por Kilbas y col. (cf. [25]) quienes, al notar que generalizaba el operador integral de Riemann-Liouville, introdujeron el correspondiente operador inverso a izquierda, generalizando de este modo la derivada fraccionaria de Riemann-Liouville. Siguiendo la misma idea, en 2014, Garra y col. (cf. [19]) introdujeron la generalización de la derivada fraccionaria de Hilfer que, como es conocido, contiene como casos particulares a las derivadas de Riemann-Liouville y Caputo.

En esta sección, introducimos una nueva generalización del operador integral de Prabhakar:

$$(\mathbf{E}^{\gamma}_{\rho,\mu,\omega;a^+}\varphi)(x) = \int_a^x (x-t)^{\mu-1} E^{\gamma}_{\rho,\mu}[\omega(x-t)^{\rho}]\varphi(t)dt \quad (x > a). \tag{2.103}$$

donde la función $E^{\gamma}_{\rho,\mu}[\omega(x-t)^{\rho}]$, introducida en [42], es reemplazada por la función k-Mittag-Leffler (3.19).

<u>**Definición**</u> **19 (k-integral de Prabhakar)** *Sean $\alpha, \beta, \omega, \gamma, \in \mathbb{C}$, $k \in \mathbb{R}^+$; $\mathfrak{Re}(\alpha) > 0$; $\mathfrak{Re}(\beta) > 0$ y $\varphi \in L^1([0,b])$, $(0 < x < b \leq \infty)$. El **k-operador integral de Prabhakar** viene dado por*

$$\begin{aligned} ({}_k\mathbf{P}^{\gamma}_{\alpha,\beta,\omega}\varphi)(x) &= \int_0^x \frac{(x-t)^{\frac{\beta}{k}-1}}{k} E^{\gamma}_{k,\alpha,\beta}[\omega(x-t)^{\frac{\alpha}{k}}]\varphi(t)dt, \quad (x > 0) \\ &= \left({}_k\mathcal{E}^{\gamma}_{\alpha,\beta,\omega} * f\right)(x), \end{aligned} \tag{2.104}$$

donde

$$ {}_k\mathcal{E}^{\gamma}_{\alpha,\beta,\omega}(t)=\begin{cases} \frac{t^{\frac{\beta}{k}-1}}{k}E^{\gamma}_{k,\alpha,\beta}(\omega t^{\frac{\alpha}{k}}), & t>0;\\ 0, & t\leq 0. \end{cases} \quad (2.105) $$

Observación 1 *Notemos que para $\gamma=0$ se tiene*

$$ ({}_k\mathbf{P}^{0}_{\alpha,\beta,\omega}\varphi)(t)=(I^{\beta}_{k}\varphi)(t) \quad (2.106) $$

es decir que el operador (2.104) generaliza la k-integral fraccionaria de Riemann-Liouville definida por (1.105).

Resulta interesante estudiar la acotación del k-operador integral de Prabhakar en distintos espacios de funciones, por ejemplo, en el espacio de funciones continuas sobre un intervalo y en el espacio de funciones integrables en el sentido de Lebesgue. Los resultados obtenidos se exponen en las siguientes proposiciones.

Proposición 14 *El k-operador integral de Prabhakar es acotado en $L^1([0,b])$, $(0<x\leq b<\infty)$. Dados $\alpha,\beta,\omega,\gamma,\in\mathbb{C}$, $k\in\mathbb{R}^+$; $\Re(\alpha)>0$; $\Re(\beta)>0$ y $\varphi\in L^1([0,b])$ resulta*

$$ \|({}_k\mathbf{P}^{\gamma}_{\alpha,\beta,\omega}\varphi)(x)\|_1\leq B\|\varphi\|_1, \quad (2.107) $$

donde

$$ B=\frac{b^{\Re(\frac{\beta}{k})}}{k}\sum_{n=0}^{\infty}\frac{|(\gamma)_{n,k}(\omega b^{\Re(\frac{\alpha}{k})})^n|}{\left[n\Re\left(\frac{\alpha}{k}\right)+\Re\left(\frac{\beta}{k}\right)\right]|\Gamma_k(\alpha n+\beta)|n!}. \quad (2.108) $$

<u>*Demostración:*</u> En primer lugar, probaremos que la serie en (2.108) es convergente.

Denotemos con c_n al n-ésimo término de la serie; luego, utilizando (1.59) y las siguientes relaciones

$$ (\gamma)_{n,k}=k^n\left(\frac{\gamma}{k}\right)_n, \quad (2.109) $$

y

$$ \frac{\Gamma(z+\rho)}{\Gamma(z+\mu)}=z^{\rho-\mu}\left[1+\frac{1}{2z}(\rho-\mu)(\rho+\mu-1)+O(z^{-2})\right] \quad (2.110) $$

para $|z| \to \infty$, $|\arg(z)| \leq \pi - \epsilon$, $|\arg(z+\rho| \leq \pi - \epsilon$, $0 < \epsilon < \pi$; se obtiene finalmente que

$$\left|\frac{c_{n+1}}{c_n}\right| = k^{-\frac{\alpha}{k}} \frac{|n+\gamma/k|}{n+1} \left| \frac{\Gamma\left(\frac{\alpha}{k}n + \frac{\beta}{k}\right)}{\Gamma\left(\frac{\alpha}{k}n + \frac{\beta}{k} + \frac{\alpha}{k}\right)} \right| \times$$
$$\times \frac{\left[n\mathfrak{Re}(\frac{\alpha}{k}) + \mathfrak{Re}(\frac{\beta}{k})\right]}{\left[(n+1)\mathfrak{Re}(\frac{\alpha}{k}) + \mathfrak{Re}(\frac{\beta}{k})\right]} |\omega| b^{\mathfrak{Re}(\frac{\alpha}{k})} \sim \frac{|\omega| b^{\mathfrak{Re}(\frac{\alpha}{k})}}{(|\frac{\alpha}{k}|n)^{\mathfrak{Re}(\frac{\alpha}{k})}} \to 0 \ (n \to \infty). \tag{2.111}$$

Esto prueba que el segundo miembro de (2.108) es convergente y resulta que B es finito.

Ahora probemos (2.107). Consideremos $\varphi \in L^1([0,b])$; entonces, usando (2.104), intercambiando el orden de integración y tomando $\tau = x - t$ resulta

$$\begin{aligned}
\|({}_k\mathbf{P}^{\gamma}_{\alpha,\beta,\omega}\varphi)(x)\|_1 &= \int_0^b \frac{1}{k} \left| \int_0^x (x-t)^{\frac{\beta}{k}-1} E^{\gamma}_{k,\alpha,\beta}[\omega(x-t)^{\frac{\alpha}{k}}]\varphi(t)dt \right| dx \\
&\leq \frac{1}{k} \int_0^b \left[\int_t^b (x-t)^{\mathfrak{Re}(\frac{\beta}{k})-1} \left| E^{\gamma}_{k,\alpha,\beta}[\omega(x-t)^{\frac{\alpha}{k}}] \right| dx \right] |\varphi(t)| \, dt \\
&= \frac{1}{k} \int_0^b \left[\int_0^{b-t} \tau^{\mathfrak{Re}(\frac{\beta}{k})-1} \left| E^{\gamma}_{k,\alpha,\beta}[\omega\tau^{\frac{\alpha}{k}}] \right| d\tau \right] |\varphi(t)| \, dt \\
&\leq \int_0^b \left[\underbrace{\frac{1}{k} \int_0^b \tau^{\mathfrak{Re}(\frac{\beta}{k})-1} \left| E^{\gamma}_{k,\alpha,\beta}[\omega\tau^{\frac{\alpha}{k}}] \right| d\tau}_{\Omega} \right] |\varphi(t)| \, dt.
\end{aligned} \tag{2.112}$$

Notemos que

$$\Omega \leq \frac{1}{k} \sum_{n=0}^{\infty} \frac{|(\gamma)_{n,k}||\omega|^n}{|\Gamma_k(\alpha n + \beta)|n!} \int_0^b \tau^{\mathfrak{Re}(\frac{\alpha}{k})n + \mathfrak{Re}(\frac{\beta}{k})-1} d\tau = B. \tag{2.113}$$

Luego, de (2.112) y (2.113) se obtiene (2.107). □

Proposición 15 *El k-operador integral de Prabhakar está acotado sobre $C([0,x])$, $(0 < x \leq b < \infty)$. Dados $\alpha, \beta, \omega, \gamma, \in \mathbb{C}$, $k \in \mathbb{R}^+$; $\mathfrak{Re}(\alpha) > 0$; $\mathfrak{Re}(\beta) > 0$ y $\varphi \in C([0,b])$ se tiene que*

$$\|({}_k\mathbf{P}^{\gamma}_{\alpha,\beta,\omega}\varphi)(x)\|_C \leq B\|\varphi\|_C, \tag{2.114}$$

donde

$$\|\varphi\|_C = \text{máx}\{|\varphi| : 0 \leq x \leq b\} \tag{2.115}$$

y B viene dado por (2.108).

<u>*Demostración:*</u> Consideremos $\varphi \in C([0,b])$, entonces usando (2.115) se tiene

$$\begin{aligned} |({}_k\mathbf{P}^{\gamma}_{\alpha,\beta,\omega}\varphi)(x)| &\leq \int_0^x |(x-t)^{\frac{\beta}{k}-1} E^{\gamma}_{k,\alpha,\beta}[\omega(x-t)^{\frac{\alpha}{k}}]||\varphi(t)|dt \\ &\leq \|\varphi(t)\|_C \int_0^x (x-t)^{\mathfrak{Re}(\frac{\beta}{k})-1} |E^{\gamma}_{k,\alpha,\beta}[\omega(x-t)^{\frac{\alpha}{k}}]|dt. \end{aligned} \tag{2.116}$$

Repitiendo el procedimiento hecho en (2.112) y (2.113) y considerando $0 \leq x \leq b$, resultará que la integral en (2.116) es menor o igual a B. Esto completa la prueba de (2.114). □

Veremos a continuación cual es el resultado de aplicar el k-operador integral de Prabhakar a ciertas funciones como la función potencial y la función k-Mittag-Leffler. Para ello, es necesario demostrar los siguientes lemas.

Lema 5 *Dados $\alpha, \beta, \omega, \gamma, \in \mathbb{C}$, $k \in \mathbb{R}^+$; $\mathfrak{Re}(\alpha) > 0$; $\mathfrak{Re}(\beta) > 0$. Entonces*

$$I_k^{\alpha}[(t-\tau)^{\frac{\beta}{k}-1} E^{\gamma}_{k,\rho,\beta}(\omega(t-\tau)^{\frac{\rho}{k}})] = (t-\tau)^{\frac{\alpha+\beta}{k}-1} E^{\gamma}_{k,\rho,\beta+\alpha}(\omega(t-\tau)^{\frac{\rho}{k}}). \tag{2.117}$$

<u>*Demostración:*</u> Si comenzamos por el primer miembro al que llamaremos $\mathfrak{I}$, usando (1.105), (2.104), la convergencia uniforme de la serie (3.19) y la fórmula (1.108) se tiene que

$$\begin{aligned} \mathfrak{I} &= \frac{1}{k\Gamma_k(\alpha)} \int_0^t (t-\tau)^{\frac{\alpha}{k}-1} (t-\tau)^{\frac{\beta}{k}-1} E^{\gamma}_{k,\rho,\beta}(\omega(t-\tau)^{\frac{\rho}{k}}) d\tau \\ &= \frac{1}{\Gamma_k(\alpha)} \sum_{n=0}^{\infty} \frac{(\gamma)_{n,k}\omega^n}{k\Gamma_k(\rho n+\beta) n!} \int_0^t (t-\tau)^{\frac{\rho n+\beta}{k}-1} (t-\tau)^{\frac{\alpha}{k}-1} d\tau \\ &= \frac{1}{\Gamma_k(\alpha)} \sum_{n=0}^{\infty} \frac{(\gamma)_{n,k}\omega^n}{n!} I_k^{\rho n+\beta} \left[(t-\tau)^{\frac{\alpha}{k}-1}\right] \\ &= (t-\tau)^{\frac{\beta+\alpha}{k}-1} E^{\gamma}_{k,\rho,\beta+\alpha}(\omega(t-\tau)^{\frac{\rho}{k}}). \end{aligned} \tag{2.118}$$

□

Lema 6 *Dados* $\alpha, \beta, \omega, \gamma, \in \mathbb{C}$, $k \in \mathbb{R}^+$; $\mathfrak{Re}(\alpha) > 0$; $\mathfrak{Re}(\beta) > 0$ *y* $\varphi \in L^1(\mathbb{R}_0^+)$ *y* $\left|\omega k(ks)^{-\frac{\rho}{k}}\right| < 1$. *Entonces resulta que la transformada de Laplace del k-operador viene dada por*

$$\begin{aligned} \mathcal{L}\{({}_k\mathbf{P}^{\gamma}_{\rho,\beta,\omega}\varphi)(x)\}(s) &= \mathcal{L}\{{}_k\mathcal{E}^{\gamma}_{\rho,\beta,\omega}(t)\}(s)\mathcal{L}\{\varphi\}(s) \\ &= (ks)^{-\frac{\beta}{k}}\left(1-\omega k(ks)^{-\frac{\rho}{k}}\right)^{-\frac{\gamma}{k}}\mathcal{L}\{\varphi\}(s). \end{aligned} \tag{2.119}$$

<u>*Demostración:*</u> Es suficiente calcular la transformada de Laplace del núcleo (2.105). Para ello, teniendo en cuenta (1.59) y la fórmula generalizada del binomio,

$$\sum_{n=0}^{\infty}\frac{(\gamma)_{n,k}\omega^n}{n!} = (1-k\omega)^{-\frac{\gamma}{k}}, \quad |k\omega| < 1. \tag{2.120}$$

tenemos que

$$\begin{aligned} \mathcal{L}\{{}_k\mathcal{E}^{\gamma}_{\alpha,\beta,\omega}(t)\}(s) &= \frac{1}{k}\int_0^{\infty} e^{-st}t^{\frac{\beta}{k}-1}E^{\gamma}_{k,\alpha,\beta}(\omega t^{\frac{\alpha}{k}})dt \\ &= \frac{1}{k}\sum_{n=0}^{\infty}\frac{(\gamma)_{n,k}\omega^n}{\Gamma_k(\alpha n+\beta)n!}\int_0^{\infty} e^{-st}t^{\frac{\alpha}{k}n+\frac{\beta}{k}-1}dt \\ &= \frac{1}{k}\sum_{n=0}^{\infty}\frac{(\gamma)_{n,k}\omega^n}{\Gamma_k(\alpha n+\beta)n!}\frac{\Gamma\left(\frac{\alpha n+\beta}{k}\right)}{s^{\frac{\alpha n+\beta}{k}}} \\ &= \frac{1}{k}\sum_{n=0}^{\infty}\frac{(\gamma)_{n,k}\omega^n}{n!k^{\frac{\alpha n+\beta}{k}-1}s^{\frac{\alpha n+\beta}{k}}} \\ &= \frac{1}{(ks)^{\frac{\beta}{k}}}\sum_{n=0}^{\infty}\frac{(\gamma)_{n,k}}{n!}\left(\frac{\omega}{(ks)^{\frac{\alpha}{k}}}\right)^n \\ &= (ks)^{-\frac{\beta}{k}}\left(1-\omega k(ks)^{-\frac{\alpha}{k}}\right)^{-\frac{\gamma}{k}}, \end{aligned} \tag{2.121}$$

siempre que $\left|\frac{k\omega}{(ks)^{\frac{\alpha}{k}}}\right| < 1$. □

Ahora estamos en condiciones aplicar el k-operador integral de Prabhakar a las funciones potencial y k-Mittag-Leffler, dando como resultado las siguientes proposiciones.

Proposición 16 *Si $\rho, \beta, \omega, \gamma \in \mathbb{C}$, $k \in \mathbb{R}^+$ y $\mathfrak{Re}(\rho) > 0$, $\mathfrak{Re}(\beta) > 0$, $\mathfrak{Re}(\alpha) > 0$. Entonces resulta*

$$\left({}_k\mathbf{P}^{\gamma}_{\rho,\beta,\omega}\right)[\sigma^{\frac{\alpha}{k}-1}](t) = \Gamma_k(\alpha) t^{\frac{\alpha+\beta}{k}-1} E^{\gamma}_{k,\rho,\beta+\alpha}(\omega t^{\frac{\rho}{k}}). \tag{2.122}$$

Demostración: Teniendo en cuenta la fórmula (1.107), resulta

$$\begin{aligned}
({}_k\mathbf{P}^{\gamma}_{k,\rho,\beta,\omega})[\sigma^{\frac{\alpha}{k}-1}](t) &= \int_0^t \frac{(t-\sigma)^{\frac{\beta}{k}-1}}{k} E^{\gamma}_{k,\rho,\beta}(\omega(t-\sigma)^{\frac{\rho}{k}})\sigma^{\frac{\alpha}{k}-1} d\sigma \\
&= \int_0^t \frac{1}{k} \sum_{n=0}^{\infty} \frac{(\gamma)_{n,k}\omega^n (t-\sigma)^{\frac{\rho n+\beta}{k}-1}\sigma^{\frac{\alpha}{k}-1}}{\Gamma_k(\rho n+\beta) n!} d\sigma
\end{aligned}$$

$$\begin{aligned}
&= \sum_{n=0}^{\infty} \frac{(\gamma)_{n,k}\omega^n}{n!} \frac{1}{k\Gamma_k(\rho n+\beta)} \int_0^t (t-\sigma)^{\frac{\rho n+\beta}{k}-1}\sigma^{\frac{\alpha}{k}-1} d\sigma \\
&= \sum_{n=0}^{\infty} \frac{(\gamma)_{n,k}\omega^n}{n!} I_k^{\rho n+\beta}\left[\sigma^{\frac{\alpha}{k}-1}\right](t) \\
&= \sum_{n=0}^{\infty} \frac{(\gamma)_{n,k}\omega^n}{n!} \frac{\Gamma_k(\alpha)}{\Gamma_k(\rho n+\beta+\alpha)} t^{\frac{\rho n+\beta+\alpha}{k}-1} \\
&= \Gamma_k(\alpha) t^{\frac{\alpha+\beta}{k}-1} E^{\gamma}_{k,\rho,\alpha+\beta}(\omega t^{\frac{\rho}{k}}).
\end{aligned} \tag{2.123}$$

□

Proposición 17 *Si ρ, β, μ, δ, ω, $\gamma \in \mathbb{C}$, $k \in \mathbb{R}^+$; $\mathfrak{Re}(\rho) > 0$, $\mathfrak{Re}(\beta) > 0$ y $\left|\frac{k\omega}{(ks)^{\frac{\alpha}{k}}}\right| < 1$. Entonces*

$$\left({}_k\mathbf{P}^{\gamma}_{\rho,\beta,\omega}\right)\left[\frac{\sigma^{\frac{\mu}{k}-1}}{k} E^{\delta}_{k,\rho,\mu}(\omega(x-\sigma)^{\frac{\rho}{k}})\right](t) = \frac{t^{\frac{\mu+\beta}{k}-1}}{k} E^{\delta+\gamma}_{k,\rho,\mu+\beta}(\omega(x-t)^{\frac{\rho}{k}}). \tag{2.124}$$

Demostración: El primer miembro de (2.124), de acuerdo a (2.104) puede ser escrito como

$$\left({}_k\mathcal{E}^{\gamma}_{\rho,\beta,\omega} * {}_k\mathcal{E}^{\delta}_{\rho,\mu,\omega}\right)(t). \tag{2.125}$$

Tomando transformada de Laplace, aplicando el teorema de convolución para tal transformada y finalmente el Lema 6

$$\begin{aligned}\mathcal{L}\{\left({}_k\mathcal{E}^{\gamma}_{\rho,\beta,\omega} * {}_k\mathcal{E}^{\delta}_{\rho,\mu,\omega}\right)(t)\}(s) &= \mathcal{L}\{{}_k\mathcal{E}^{\gamma}_{\rho,\beta,\omega}(t)\}(s)\mathcal{L}\{{}_k\mathcal{E}^{\delta}_{\rho,\mu,\omega}(t)\}(s)\\ &= (ks)^{-\frac{\beta+\mu}{k}}\left(1-\omega k(ks)^{-\frac{\rho}{k}}\right)^{-\frac{\gamma+\delta}{k}}.\end{aligned} \tag{2.126}$$

Luego, por unicidad de la transformada inversa se obtiene lo esperado.

□

2.5.1. Composición de los k-Operadores de Riemann-Liouville con el k-Operador Integral de Prabhakar.

Estudiamos ahora la propiedad de composición de nuestro operador con la k-integral fraccionaria de Riemann-Liouville.

Proposición 18 *Dados $\alpha \in \mathbb{C}$, $(\mathfrak{Re}(\alpha))$, y ρ, β, ω, $\gamma \in \mathbb{C}$, $(\mathfrak{Re}(\rho) > 0$, $\mathfrak{Re}(\beta) > 0)$. Entonces, para cualquier función $f \in L^1([0,b])$, $(0 < x < b \leq \infty)$ se cumple la siguiente realción*

$$I^{\alpha}_k({}_k\mathbf{P}^{\gamma}_{\rho,\beta,\omega}f(t)) = {}_k\mathbf{P}^{\gamma}_{\rho,\beta+\alpha,\omega}f(t) = {}_k\mathbf{P}^{\gamma}_{\rho,\beta,\omega}(I^{\alpha}_k f(t)) \tag{2.127}$$

Demostración: Comenzamos probando la primera igualdad en (2.127),

$$I^{\alpha}_k({}_k\mathbf{P}^{\gamma}_{\rho,\beta,\omega}f(t)) = \frac{1}{k\Gamma_k(\alpha)}\int_0^t (t-x)^{\frac{\alpha}{k}-1}{}_k\mathbf{P}^{\gamma}_{\rho,\beta,\omega}f(x)dx$$

$$= \frac{1}{k\Gamma_k(\alpha)}\int_0^t (t-x)^{\frac{\alpha}{k}-1}\int_0^x \frac{(x-\tau)^{\frac{\beta}{k}-1}}{k}E^{\gamma}_{k,\rho,\beta}[\omega(x-\tau)^{\frac{\rho}{k}}]f(\tau)d\tau dx. \tag{2.128}$$

Cambiando el orden de integración,

$$\frac{1}{k^2\Gamma_k(\alpha)}\int_0^t\int_{\tau}^t (x-\tau)^{\frac{\beta}{k}-1}(t-x)^{\frac{\alpha}{k}-1}E^{\gamma}_{k,\rho,\beta}[\omega(x-\tau)^{\frac{\rho}{k}}]dxd\tau =$$

$$= \frac{1}{k^2\Gamma_k(\alpha)}\int_0^t f(\tau)\int_{\tau}^t (x-\tau)^{\frac{\beta}{k}-1}(t-x)^{\frac{\alpha}{k}-1}E^{\gamma}_{k,\rho,\beta}[\omega(x-\tau)^{\frac{\rho}{k}}]dxd\tau \tag{2.129}$$

haciendo el cambio de variable $x-\tau=\xi$ se tiene

$$\frac{1}{k^2\Gamma_k(\alpha)}\int_0^t f(\tau)\int_0^{t-\tau}(t-\tau-\xi)^{\frac{\alpha}{k}-1}\xi^{\frac{\beta}{k}-1}E^{\gamma}_{k,\rho,\beta}[\omega\xi^{\frac{\rho}{k}}]d\xi d\tau =$$

$$=\frac{1}{k}\int_0^t I_k^{\alpha}\left[(t-\tau)^{\frac{\beta}{k}-1}E^{\gamma}_{k,\rho,\beta}[\omega(t-\tau)^{\frac{\rho}{k}}]\right]f(\tau)d\tau \qquad (2.130)$$

y finalmente por (2.117) obtenemos

$$\frac{1}{k}\int_0^t (t-\tau)^{\frac{\beta+\alpha}{k}-1}E^{\gamma}_{k,\rho,\beta+\alpha}[\omega(t-\tau)^{\frac{\rho}{k}}]f(\tau)d\tau = {}_k\mathbf{P}_{\rho,\beta+\alpha,\omega}f(t). \quad (2.131)$$

Para probar la segunda igualdad, con un procedimiento análogo, tomamos $\sigma=\tau-\xi$, y obtenemos

$${}_k\mathbf{P}^{\gamma}_{\rho,\beta,\omega}(I_k^{\alpha}f(t)) = \frac{1}{k\Gamma_k(\alpha)}\int_0^t \left({}_k\mathbf{P}_{\rho,\beta,\omega}(\sigma^{\frac{\alpha}{k}-1})\right)(t-\xi)f(\xi)d\xi. \qquad (2.132)$$

Ahora, teniendo en cuenta (2.122) se sigue que

$$\frac{1}{k\Gamma_k(\alpha)}\int_0^t \left({}_k\mathbf{P}_{\rho,\beta,\omega}(\sigma^{\frac{\alpha}{k}-1})\right)(t-\xi)f(\xi)d\xi =$$

$$=\frac{\Gamma_k(\alpha)}{k\Gamma_k(\alpha)}\int_0^t (t-\xi)^{\frac{\beta+\alpha}{k}-1}E^{\gamma}_{k,\rho,\beta+\alpha}[\omega(t-\xi)^{\frac{\rho}{k}}]f(\xi)d\xi =$$

$$= {}_k\mathbf{P}^{\gamma}_{\rho,\beta+\alpha}f(t). \quad (2.133)$$

Finalmente, de (2.131) y (2.133), resulta (2.127). □

Estudiamos ahora la composición con la k-derivada de Riemann-Liouville ${}_k\mathfrak{D}^{\alpha}_{RL}$.

Proposición 19 *Dados α, ρ, β, γ, $\omega\in\mathbb{C}$; $k\in\mathbb{R}^+$, $\mathfrak{Re}(\alpha)>0$, $\mathfrak{Re}(\rho)>0$, $\mathfrak{Re}(\beta)>0$; entonces para $f\in L^1([0,b])$ y $0<x<b\leq\infty$ se cumple que*

$${}_k\mathfrak{D}^{\alpha}_{RL}({}_k\mathbf{P}^{\gamma}_{\rho,\beta,\omega}f(t)) = {}_k\mathbf{P}^{\gamma}_{\rho,\beta-\alpha,\omega}f(t). \qquad (2.134)$$

Demostración: Supongamos $n = \left[\frac{\alpha}{k}\right] + 1$, entonces por (2.3) y (2.127) tenemos:

$$
\begin{aligned}
{}_k\mathfrak{D}^{\alpha}_{RL}({}_k\mathbf{P}^{\gamma}_{\rho,\beta,\omega}f(t)) &= \left(\frac{d}{dt}\right)^n k^n I_k^{nk-\alpha}\,{}_k\mathbf{P}^{\gamma}_{\rho,\beta,\omega}f(t) \\
&= k^n \left(\frac{d}{dt}\right)^n {}_k\mathbf{P}^{\gamma}_{\rho,\beta+nk-\alpha,\omega}f(t) \\
= k^{n-1}\left(\frac{d}{dt}\right)^n &\int_0^t (t-x)^{\frac{\beta+nk-\alpha}{k}-1} E^{\gamma}_{k,\rho,\beta+nk-\alpha}(\omega(t-x)^{\frac{\alpha}{k}})f(x)dx \\
= \frac{1}{k}\int_0^t (t-x)^{\frac{\beta-\alpha}{k}-1} &E^{\gamma}_{k,\rho,\beta-\alpha}(\omega(t-x)^{\frac{\alpha}{k}})f(x)dx = {}_k\mathbf{P}^{\gamma}_{\rho,\beta-\alpha,\omega}f(t).
\end{aligned}
\tag{2.135}
$$

□

Otra importante propiedad del operador (2.104) es la conocida propiedad de semigrupo.

Proposición 20 *Dados $k \in \mathbb{R}^+$ y ρ, β, γ, ν, δ, $\omega \in \mathbb{C}$, $\mathfrak{Re}(\rho) > 0$, $\mathfrak{Re}(\beta) > 0$, $\mathfrak{Re}(\nu) > 0$; entonces, para cualquier $\varphi \in L^1([0,b])$ y $0 < x < b \leq \infty$, tenemos*

$$
{}_k\mathbf{P}^{\gamma}_{\rho,\beta,\omega}({}_k\mathbf{P}^{\delta}_{\rho,\nu,\omega}\varphi)(t) = ({}_k\mathbf{P}^{\gamma+\delta}_{\rho,\beta+\nu,\omega}\varphi)(t) = {}_k\mathbf{P}^{\delta}_{\rho,\nu,\omega}({}_k\mathbf{P}^{\gamma}_{\rho,\beta,\omega}\varphi)(t). \tag{2.136}
$$

Como caso particular importante tenemos

$$
{}_k\mathbf{P}^{\gamma}_{\rho,\beta,\omega}({}_k\mathbf{P}^{-\gamma}_{\rho,\nu,\omega}\varphi)(t) = I_k^{\beta+\nu}\varphi(t). \tag{2.137}
$$

Demostración: Intercambiando el orden de integración, tomando $\tau = \mu - x$, y finalmente la fórmula (2.124) se tiene

$$
\begin{aligned}
{}_k\mathbf{P}^{\gamma}_{\rho,\beta,\omega}({}_k\mathbf{P}^{\delta}_{\rho,\nu,\omega}\varphi)(t) &= \frac{1}{k}\int_0^t (t-x)^{\frac{\beta+\nu}{k}-1} E^{\gamma+\delta}_{k,\rho,\beta+\nu}(\omega(t-x)^{\frac{\rho}{k}})\varphi(x)dx \\
&= ({}_k\mathbf{P}^{\gamma+\delta}_{\rho,\beta+\nu,\omega}\varphi)(t).
\end{aligned}
\tag{2.138}
$$

□

2.5.2. El Operador Inverso

Construimos aquí el operador inverso del k-operador integral de Prabhakar. Para esto, planteamos la siguiente ecuación integral de Volterra de primera especie:

$$({}_k\mathbf{P}^{\gamma}_{\rho,\beta,\omega}\varphi)(x) = f(x), \quad \varphi(x) \in L^1([0,\infty)). \tag{2.139}$$

Teniendo en cuenta (2.107) tenemos que $f \in L^1([0,\infty))$, y dado $\nu \in \mathbb{C}, \mathfrak{Re}(\nu) > 0$, por composición con el operador ${}_k\mathbf{P}^{-\gamma}_{\rho,\nu,\omega}$ y por la propiedad (2.137) tenemos,

$$\begin{aligned} {}_k\mathbf{P}^{-\gamma}_{\rho,\nu,\omega}({}_k\mathbf{P}^{\gamma}_{\rho,\beta,\omega}\varphi)(x) &= {}_k\mathbf{P}^{-\gamma}_{\rho,\nu,\omega}f(x) & (2.140)\\ I_k^{\beta+\nu}\varphi(x) &= {}_k\mathbf{P}^{-\gamma}_{\rho,\nu,\omega}f(x). & (2.141) \end{aligned}$$

Como $\mathfrak{Re}(\beta+\nu) > 0$ y $f \in L^1([0,\infty))$, entonces por Definición 18, podemos aplicar la k-derivada fraccionaria de Riemann-Liouville (2.3) de orden $\beta+\nu$, obteniendo como resultado

$$\varphi(x) = {}_k\mathfrak{D}^{\beta+\nu}_{RL}\,{}_k\mathbf{P}^{-\gamma}_{\rho,\nu,\omega}f(x), \tag{2.142}$$

que es la solución de (2.139).

Es decir que, el operador inverso a izquierda de ${}_k\mathbf{P}^{\gamma}_{\rho,\beta,\omega}$ es

$$\left[{}_k\mathbf{P}^{\gamma}_{\rho,\beta,\omega}\right]^{-1} = {}_k\mathfrak{D}^{\beta+\nu}_{RL}\,{}_k\mathbf{P}^{-\gamma}_{\rho,\nu,\omega}. \tag{2.143}$$

Observación 2 *Notemos que si $k=1$, se obtiene (2.143) que coincide con la fórmula de inversión dada en el Teorema 9 de [25].*

Resulta más útil para el caso de las aplicaciones, obtener una expresión equivalente a (2.143), en tal sentido introducimos la siguiente

Definición 20 (k-Derivada de Prabhakar) *Dados $k \in \mathbb{R}^+$, $\rho,\beta,\gamma,\omega \in \mathbb{C}$, $\mathfrak{Re}(\rho) > 0, \mathfrak{Re}(\beta) > 0$, $m = \left[\frac{\beta}{k}\right]+1$ y $f \in L^1([0,b])$. Definimos la k-derivada de Prabhakar*

$$ {}_k\mathbf{D}^{\gamma}_{\rho,\beta,\omega}f(x) = \left(\frac{d}{dx}\right)^m k^m\,{}_k\mathbf{P}^{-\gamma}_{\rho,mk-\beta,\omega}f(x). \tag{2.144}$$

Notemos que efectivamente (2.143) y (2.144) son equivalentes. Procediendo analogamente a lo hecho en [19], tomando $\nu \in \mathbb{C}$, $\mathfrak{Re}(\nu) > 0$, $p = \left[\frac{\mathfrak{Re}(\beta)+\mathfrak{Re}(\nu)}{k}\right] + 1$, por (2.76) se tiene

$$\begin{aligned}
{}_k\mathbf{D}^{\gamma}_{\rho,\beta,\omega}f(x) &= \left(\frac{d}{dx}\right)^m k^m {}_k\mathbf{P}^{-\gamma}_{\rho,mk-\beta,\omega}f(x) \\
&= \left(\frac{d}{dx}\right)^m k^m \left(\frac{d}{dx}\right)^{p-m} k^{p-m} I_k^{(p-m)k} {}_k\mathbf{P}^{-\gamma}_{\rho,mk-\beta,\omega}f(x) \\
&= \left(\frac{d}{dx}\right)^p k^p {}_k\mathbf{P}^{-\gamma}_{\rho,mk-\beta+pk-mk,\omega}f(x) \\
&= \left(\frac{d}{dx}\right)^p k^p {}_k\mathbf{P}^{-\gamma}_{\rho,pk-\beta,\omega}f(x) \\
&= \left(\frac{d}{dx}\right)^p k^p {}_k\mathbf{P}^{0}_{\rho,pk-(\beta+\nu),\omega} {}_k\mathbf{P}^{-\gamma}_{\rho,\nu,\omega}f(x), \ \nu \in \mathbb{C}, \mathfrak{Re}(\nu) > 0 \\
&= \left(\frac{d}{dx}\right)^p k^p I_k^{pk-(\beta+\nu)} {}_k\mathbf{P}^{-\gamma}_{\rho,\nu,\omega}f(x) \\
&= {}_k\mathfrak{D}^{\beta+\nu}_{RL} {}_k\mathbf{P}^{-\gamma}_{\rho,\nu,\omega}f(x). \qquad (2.145)
\end{aligned}$$

Por lo tanto, (2.144) es el operador inverso a izquierda de (2.104).

Observación 3 *Si $\gamma = 0$ en (2.144) entonces la k-derivada de Prabhakar coincide con la k derivada fraccionaria de Riemann-Liouville dada en [17]. En efecto,*

$$\begin{aligned}
{}_k\mathbf{D}^{0}_{\rho,\beta,\omega}f(x) &= \left(\frac{d}{dx}\right)^m k^m {}_k\mathbf{P}^{0}_{\rho,mk-\beta,\omega}f(x) \\
&= \left(\frac{d}{dx}\right)^m k^m I_k^{mk-\beta} f(x) \\
&= {}_k\mathfrak{D}^{\beta}_{RL}f(x). \qquad (2.146)
\end{aligned}$$

Una generalización de la ecuación del electrón laser libre.

En esta sección consideramos una ecuación que generaliza la fórmula (1.1) de [24], en el caso a $= 0$, y que contiene, como caso particular, la ecuación del electrón laser libre.

Teorema 4 *Dado el siguiente problema de Cauchy*

$$\begin{cases} {}_k\mathbf{D}^{\gamma}_{\rho,\beta,\omega}y(x) = \lambda\, {}_k\mathbf{P}^{\delta}_{\rho,\nu,\omega}y(x) + f(x), & f \in L^1[0,\infty); \\ \left({}_k\mathbf{P}^{-\gamma}_{\rho,k-\beta,\omega}y\right)(0) = c, & c \geq 0. \end{cases} \tag{2.147}$$

donde $[\frac{\beta}{k}] + 1 = m = 1$, ω, $\lambda \in \mathbb{C}$, $\rho > 0, \nu > 0, \gamma \geq 0, \delta \geq 0$, *su solución viene dada por*

$$y(x) = \sum_{n=0}^{\infty} \lambda^n {}_k\mathbf{P}^{(\delta+\gamma)n+\gamma}_{\rho,(\nu+\beta)n+\beta,\omega} f(x) =$$

$$= c\sum_{n=0}^{\infty} \lambda^n x^{\frac{(\nu+\beta)n+\beta-k}{k}-1} E^{(\delta+\gamma)n+\gamma}_{k,\rho,(\nu+\beta)n+\beta-k}\left(\omega x^{\frac{\rho}{k}}\right). \tag{2.148}$$

Para probar el teorema, necesitamos el siguiente lema.

Lema 7 *La transformada de Laplace de la k-derivada de Prabhakar para el caso* $\left[\frac{\beta}{k}\right] + 1 = m = 1$, *es*

$$\mathcal{L}\left\{{}_k\mathbf{D}^{\gamma}_{\rho,\beta,\omega}y(x)\right\} = (ks)^{-\frac{\beta}{k}}\left(1 - \omega k(ks)^{-\frac{\rho}{k}}\right)^{\frac{\gamma}{k}} \mathcal{L}\{y(x)\}(s) -$$
$$- k\left({}_k\mathbf{P}^{-\gamma}_{\rho,k-\beta,\omega}y\right)(0) \tag{2.149}$$

siempre que $\left|\omega k(ks)^{-\frac{\rho}{k}}\right| < 1$.

Para probar esto, es suficiente calcular la transformada de Laplace de (2.144), usando la transformada de Laplace de la derivada de orden $m = 1$ y el Lema 6.

Demostración: (Teorema 4).

Aplicando la transformada de Laplace a ambos miembros de (2.147)

$$\left[\frac{(ks)^{\frac{\beta+\nu}{k}}\left(1 - \omega k(ks)^{-\frac{\rho}{k}}\right)^{\frac{\gamma+\delta}{k}} - \lambda}{(ks)^{\frac{\nu}{k}}\left(1 - \omega k(ks)^{-\frac{\rho}{k}}\right)^{\frac{\delta}{k}}}\right] Y(s) = F(s) + ck, \tag{2.150}$$

$$Y(s) = \left[\frac{(ks)^{\frac{\nu}{k}}\left(1 - \omega k(ks)^{-\frac{\rho}{k}}\right)^{\frac{\delta}{k}}}{(ks)^{\frac{\beta+\nu}{k}}\left(1 - \omega k(ks)^{-\frac{\rho}{k}}\right)^{\frac{\gamma+\delta}{k}} - \lambda}\right] F(s) + \tag{2.151}$$

$$+ck\left[\frac{(ks)^{\frac{\nu}{k}}\left(1-\omega k(ks)^{-\frac{\rho}{k}}\right)^{\frac{\delta}{k}}}{(ks)^{\frac{\beta+\nu}{k}}\left(1-\omega k(ks)^{-\frac{\rho}{k}}\right)^{\frac{\gamma+\delta}{k}}-\lambda}\right], \tag{2.152}$$

$$Y(s)=\left[\frac{(ks)^{\frac{-\beta}{k}}\left(1-\omega k(ks)^{-\frac{\rho}{k}}\right)^{-\frac{\gamma}{k}}}{1-\lambda(ks)^{-\frac{\beta+\nu}{k}}\left(1-\omega k(ks)^{-\frac{\rho}{k}}\right)^{-\frac{\gamma+\delta}{k}}}\right]F(s)+ \tag{2.153}$$

$$+ck\left[\frac{(ks)^{\frac{-\beta}{k}}\left(1-\omega k(ks)^{-\frac{\rho}{k}}\right)^{-\frac{\gamma}{k}}}{1-\lambda(ks)^{-\frac{\beta+\nu}{k}}\left(1-\omega k(ks)^{-\frac{\rho}{k}}\right)^{-\frac{\gamma+\delta}{k}}}\right]. \tag{2.154}$$

Considerando $\left|\lambda(ks)^{-\frac{\beta+\nu}{k}}\left(1-\omega k(ks)^{-\frac{\rho}{k}}\right)^{-\frac{\gamma+\delta}{k}}\right|<1$, tenemos

$$Y(s)=\sum_{n=0}^{\infty}\lambda^n(ks)^{-\frac{(\nu+\beta)n+\beta}{k}}\left(1-\omega k(ks)^{-\frac{\rho}{k}}\right)^{-\frac{(\gamma+\delta)n+\gamma}{k}}F(s)+ \tag{2.155}$$

$$+c\sum_{n=0}^{\infty}\lambda^n(ks)^{-\frac{(\nu+\beta)n+\beta-k}{k}}\left(1-\omega k(ks)^{-\frac{\rho}{k}}\right)^{-\frac{(\gamma+\delta)n+\gamma}{k}}. \tag{2.156}$$

Finalmente por unicidad de la transformada inversa, llegamos al resultado esperado. □

Por último hacemos la siguiente

Observación 4 *Si $k=1,\gamma=0,\rho=\beta=1,\delta=\nu=2$, $f(x)=0$, $\omega=ir$, $\lambda=-i\pi p,(r,p\in\mathbb{R})$ entonces (2.147) resulta*

$$\frac{d}{dx}y(x)=-i\omega\pi\int_0^x(x-t)e^{ir(x-t)}y(t)dt,\ \ y(0)=1. \tag{2.157}$$

que es la ecuación del electron laser libre cuando $x\in(0,1]$, y su solución viene dada en términos de la función k-Mittag-Leffler

$$E^{2n}_{1,1,3n}(irx). \tag{2.158}$$

Capítulo 3

Función k-Mittag-Leffler

3.1. Función de Mittag-Leffler.

Las funciones de Mittag-Leffler E_α y $E_{\alpha,\beta}$ desempeñan en la solución de ecuaciones diferenciales fraccionarias homogéneas de coeficientes constantes un papel análogo al que cumple la función exponencial en el caso de las ecuaciones diferenciales ordinarias homogéneas de coeficientes constantes y son estudiadas como generalizaciones, casi inmediatas, de ésta última. En efecto, tomando el desarrollo en serie de la función exponencial

$$e^x = \sum_{n=0}^{\infty} \frac{x^n}{n!}; \tag{3.1}$$

y teniendo en cuenta la relación de la función Gamma con el factorial, para $\alpha \in \mathbb{C}$, $\mathfrak{Re}(\alpha) > 0$ se tiene

$$E_\alpha(z) = \sum_{n=0}^{\infty} \frac{z^n}{\Gamma(\alpha n + 1)}, \tag{3.2}$$

que es la llamada función de Mittag-Leffler de un parámetro.

Otra generalización es la dada por la función de Mittag-Leffler de dos parámetros $\alpha, \beta \in \mathbb{C}$ tales que $\mathfrak{Re}(\alpha) > 0$, $\mathfrak{Re}(\beta) > 0$,

$$E_{\alpha,\beta}(z) = \sum_{n=0}^{\infty} \frac{z^n}{\Gamma(\alpha n + \beta)}. \tag{3.3}$$

La función $E_\alpha(z)$ fue introducida por G. Mittag-Leffler en 1903, mientras que $E_{\alpha,\beta}(z)$ fue introducida por Wiman en 1905. Una muy interesante síntesis histórica de estas funciones se encuentra en [44].

Entre los principales casos especiales podemos mencionar (cf. por ejemplo [21])

$$E_0(z) = \frac{1}{1-z}, \quad |z| < 1; \tag{3.4}$$
$$E_1(z) = e^z; \tag{3.5}$$
$$E_2(z) = \cosh(\sqrt{z}), \quad z \in \mathbb{C}; \tag{3.6}$$
$$E_2(-z^2) = \cos z, \quad z \in \mathbb{C}; \tag{3.7}$$
$$E_{1,1}(z) = e^z, \tag{3.8}$$
$$E_{1,2}(z) = \frac{e^z - 1}{z}, \tag{3.9}$$
$$E_{2,1}(z^2) = \cosh z, \tag{3.10}$$
$$E_{2,2}(z^2) = \frac{\sinh z}{z}, \tag{3.11}$$
$$E_{2,2}(-z^2) = \frac{\sin z}{z}. \tag{3.12}$$

También se tienen las siguientes relaciones:

$$E_{\alpha,\beta}(z) = zE_{\alpha,\alpha+\beta}(z) + \frac{1}{\Gamma(\beta)}; \tag{3.13}$$
$$E_{\alpha,\beta}(z) = \beta E_{\alpha,\beta+1}(z) + \alpha z \frac{d}{dz} E_{\alpha,\beta+1}(z); \tag{3.14}$$
$$\frac{d^m}{dz^m}[z^{\beta-1}E_{\alpha,\beta}(z^\alpha)] = z^{\beta-m-1}E_{\alpha,\beta-m}(z^\alpha), \quad \mathfrak{Re}(\beta - m) > 0, m \in \mathbb{N}. \tag{3.15}$$

Para obtener la transformada de Laplace de las funciones de Mittag-Leffler se recurre a la función auxiliar $z^{\beta-1}E_{\alpha,\beta}(z^\alpha)$, para $z \in \mathbb{C} \setminus \{0\}$, $\alpha, \beta, x \in \mathbb{C}$, $\mathfrak{Re}(\alpha) > 0$. Se tiene entonces que

$$\int_0^\infty e^{-az} z^{\beta-1} E_{\alpha,\beta}(xz^\alpha)dz = \frac{a^{\alpha-\beta}}{a^\alpha - x}; \tag{3.16}$$

para $a, \alpha, \beta \in \mathbb{C}$; $\mathfrak{Re}(\alpha) > 0$, $\mathfrak{Re}(\beta) > 0$, $|\frac{x}{a^\alpha}| < 1$.

Cuando $\beta = 1$, de (3.16) se tiene

$$\int_0^\infty e^{-az} z^{\beta-1} E_{\alpha}(xz^\alpha)dz = \frac{a^{\alpha-1}}{a^\alpha - x}; \tag{3.17}$$

La función $E_{\alpha,\beta}(z)$, para $\mathfrak{Re}(\alpha) > 0$, y $\beta \in \mathbb{C}$, es una función entera de la variable z, de orden $\frac{1}{\alpha}$ y de tipo 1. (cf. [44], pag. 373).

Otra generalización de la función de Mittag-Leffler es la debida a Prabhakar (cf. [42])

$$E^{\gamma}_{\alpha,\beta}(z) = \sum_{n=0}^{\infty} \frac{(\gamma)_n z^n}{n!\Gamma(\alpha n + \beta)}, \quad \mathfrak{Re}(\alpha) > 0, \mathfrak{Re}(\beta) > 0, \gamma > 0, \quad (3.18)$$

donde $(\gamma)_n$ denota el símbolo de Pochhammer (1.27).

Fácilmente puede verse que para $\gamma = 1$, ésta función coincide con $E_{\alpha,\beta}(z)$ y que si $\gamma = \beta = 1$ coincide con la clásica función $E_{\alpha}(z)$ ($E^{\gamma}_{\alpha,\beta}(z)$ es un función entera de z, de orden $\rho = \frac{1}{\mathfrak{Re}(\alpha)}$ y tipo $\sigma = 1$ cf. [44] y [21]).

3.2. Función k-Mittag-Leffler

En esta sección presentamos la definición y algunas propiedades de una nueva función de tipo Mittag-Leffler a la que llamaremos función k-Mittag-Leffler.

Definición 21 *Sean* $k \in \mathbb{R}$; $\alpha, \beta, \gamma \in \mathbb{C}$; $\mathfrak{Re}(\alpha) > 0$,$\mathfrak{Re}(\beta) > 0$, *la función k-Mittag-Leffler se define mediante la siguiente serie*

$$E^{\gamma}_{k,\alpha,\beta}(z) = \sum_{n=0}^{\infty} \frac{(\gamma)_{n,k}}{\Gamma_k(\alpha n + \beta)} \frac{z^n}{n!} \quad (3.19)$$

donde$(\gamma)_{n,k}$ *es el k-símbolo de Pochhammer dado en (1.51) y* $\Gamma_k(x)$ *es la función k-gamma dada en (1.53).*

Puede observarse que $E^{\gamma}_{k,\alpha,\beta}(z)$ es tal que $E^{\gamma}_{k,\alpha,\beta}(z) \longrightarrow E^{\gamma}_{\alpha,\beta}(z)$ cuando $k \to 1$, dado que $(\gamma)_{n,k} \longrightarrow (\gamma)_n$, $\Gamma_k(z) \longrightarrow \Gamma(z)$ y la convergencia de la serie en (3.19) es uniforme sobre compactos.

Para elecciones particulares de los parámetros γ, k, α y β se obtienen ciertas funciones clásicas, como ser:

$$E^{1}_{1,1,1}(z) = e^{z}; \quad (3.20)$$

$$E^{1}_{1,0,1}(z) = E_0(z) = \sum_{n=0}^{\infty} \frac{z^n}{\Gamma(1)} = \frac{1}{1-z}, \quad (3.21)$$

con radio de convergencia $r = 1$.

$$E^{1}_{1,\alpha,1}(z) = E_{\alpha}(z); \tag{3.22}$$

$$E^{1}_{1,\alpha,\beta}(z) = E_{\alpha,\beta}(z); \tag{3.23}$$

$$E^{\gamma}_{1,\alpha,\beta}(z) = E^{\gamma}_{\alpha,\beta}(z). \tag{3.24}$$

Las relaciones entre el símbolo de Pochhammer clásico y el k-símbolo de Pochhammer (1.65) y entre la función Gamma clásica y la función k-Gamma (1.59) nos permiten establecer la siguiente relación funcional entre la función de Mittag-Leffler de tres parámetros y la función k-Mittag-Leffler:

$$E^{\gamma}_{k,\alpha,\beta}(z) = k^{1-\frac{\beta}{k}} E^{\frac{\gamma}{k}}_{\frac{\alpha}{k},\frac{\beta}{k}}(k^{1-\frac{\alpha}{k}} z) \tag{3.25}$$

o equivalentemente

$$k^{\frac{\beta}{k}-1} E^{\gamma}_{k,\alpha,\beta}(k^{\frac{\alpha}{k}-1} az) = E^{\frac{\gamma}{k}}_{\frac{\alpha}{k},\frac{\beta}{k}}(az)\,, \quad a \in \mathbb{R}. \tag{3.26}$$

Lema 8 *Sean* $\alpha, \beta, \gamma \in \mathbb{C}$, $\mathfrak{Re}(\alpha) > 0$ *y* $\mathfrak{Re}(\beta) > 0$. *Entonces*

$$E^{\gamma}_{k,\alpha,\beta}(z) = \beta E^{\gamma}_{k,\alpha,\beta+k}(z) + \alpha z \frac{d}{dz} E^{\gamma}_{k,\alpha,\beta+k}(z). \tag{3.27}$$

Demostración: Comenzando por el segundo miembro, se tiene

$$\begin{aligned}
\beta E^{\gamma}_{k,\alpha,\beta+k}(z) + \alpha z \frac{d}{dz} E^{\gamma}_{k,\alpha,\beta+k}(z) = \\
= \sum_{n\geq 0} \frac{\beta(\gamma)_{n,k} z^n}{\Gamma_k(\alpha n + \beta + k) n!} + \sum_{n\geq 0} \frac{\alpha n(\gamma)_{n,k} z^n}{\Gamma_k(\alpha n + \beta + k) n!} \\
= \sum_{n\geq 0} \frac{(\alpha n + \beta)(\gamma)_{n,k} z^n}{\Gamma_k(\alpha n + \beta + k) n!} \\
= \sum_{n\geq 0} \frac{(\alpha n + \beta)(\gamma)_{n,k} z^n}{(\alpha n + \beta)\Gamma_k(\alpha n + \beta) n!} = E^{\gamma}_{k,\alpha,\beta}(z).
\end{aligned} \tag{3.28}$$

En la demostración hemos usado la propiedad de la función k-Gamma: $\Gamma_k(x+k) = x\Gamma_k(x)$. □

A continuación presentamos un resultado de reducibilidad de la función k-Mittag-Leffler.

Lema 9 *Sean* α, β, $\gamma \in \mathbb{C}$, $\mathfrak{Re}(\alpha) > 0$ *y* $\mathfrak{Re}(\beta) > 0$. *Entonces*

$$E^{\gamma}_{k,\alpha,\beta}(z) - E^{\gamma-k}_{k,\alpha,\beta}(z) = zk^{1-\frac{\alpha}{k}} E^{\gamma}_{k,\alpha,\alpha+\beta}(z). \tag{3.29}$$

<u>*Demostración:*</u> Teniendo en cuenta (1.65) y (1.59) se tiene

$$\begin{aligned}
E^{\gamma}_{k,\alpha,\beta}(z) - E^{\gamma-k}_{k,\alpha,\beta}(z) &= k^{1-\frac{\beta}{k}} \left[E^{\frac{\gamma}{k}}_{\frac{\alpha}{k},\frac{\beta}{k}}(k^{1-\frac{\alpha}{k}}z) - E^{\frac{\gamma-k}{k}}_{\frac{\alpha}{k},\frac{\beta}{k}}(k^{1-\frac{\alpha}{k}}z) \right] \\
&= k^{1-\frac{\beta}{k}} \sum_{n\geq 0} \frac{(k^{1-\frac{\alpha}{k}}z)^n \left[\left(\frac{\gamma}{k}\right)_n - \left(\frac{\gamma-k}{k}\right)_n \right]}{\Gamma\left(\frac{\alpha}{k}n + \frac{\beta}{k}\right) n!} \\
&= k^{1-\frac{\beta}{k}} \sum_{n\geq 1} \frac{(k^{1-\frac{\alpha}{k}}z)^n \left(\frac{\gamma}{k}\right)_{n-1} n}{\Gamma\left(\frac{\alpha}{k}n + \frac{\beta}{k}\right) (n)!} \\
&= k^{1-\frac{\beta}{k}} \sum_{n\geq 0} \frac{(k^{1-\frac{\alpha}{k}}z)^{n+1} \left(\frac{\gamma}{k}\right)_n (n+1)}{\Gamma\left(\frac{\alpha}{k}n + \frac{\alpha}{k} + \frac{\beta}{k}\right) (n+1)!} \\
&= k^{2-\frac{\alpha+\beta}{k}} z \sum_{n\geq 0} \frac{(k^{1-\frac{\alpha}{k}}z)^n \left(\frac{\gamma}{k}\right)_n}{\Gamma\left(\frac{\alpha}{k}n + \frac{\alpha+\beta}{k}\right) (n)!} \\
&= zk^{1-\frac{\alpha}{k}} k^{1-\frac{\beta}{k}} E^{\frac{\gamma}{k}}_{\frac{\alpha}{k},\frac{\alpha+\beta}{k}}(k^{1-\frac{\alpha}{k}}z) \\
&= zk^{1-\frac{\alpha}{k}} E^{\gamma}_{k,\alpha,\alpha+\beta}(z).
\end{aligned} \tag{3.30}$$

□

Puede observarse que cuando $k = 1$ en (3.29), se tiene

$$E^{\gamma}_{\alpha,\beta}(z) - E^{\gamma-1}_{\alpha,\beta}(z) = zE^{\gamma}_{\alpha,\alpha+\beta}(z), \tag{3.31}$$

que es una relación conocida para la función de Mittag-Leffler de tres parámetros.

Lema 10 *Si* α, β, $\gamma \in \mathbb{C}$, $\mathfrak{Re}(\alpha) > 0$, $\mathfrak{Re}(\beta) > 0$ *y* $j \in \mathbb{N}$. *Entonces*

$$\left(\frac{d}{dz}\right)^j E^{\gamma}_{k,\alpha,\beta}(z) = (\gamma)_{j,k} E^{\gamma+jk}_{k,\alpha,\alpha j+\beta}(z). \tag{3.32}$$

Demostración: Usando la relación (1.68) puede escribirse:

$$\begin{aligned}
\left(\frac{d}{dz}\right)^j E_{k,\alpha,\beta}^{\gamma}(z) &= \left(\frac{d}{dz}\right)^j \sum_{n\geq 0}^{\infty} \frac{(\gamma)_{n,k}}{\Gamma_k(\alpha n+\beta)} \frac{z^n}{n!} \\
&= \sum_{n\geq j}^{\infty} \frac{(\gamma)_{n,k} z^{n-j}}{\Gamma_k(\alpha n+\beta)(n-j)!} \\
&= \sum_{n\geq 0}^{\infty} \frac{(\gamma)_{n+j,k}}{\Gamma_k(\alpha(n+j)+\beta)} \frac{z^n}{n!} \\
&= (\gamma)_{j,k} \sum_{n\geq 0}^{\infty} \frac{(\gamma+jk)_{n,k}}{\Gamma_k(\alpha n+\alpha j+\beta)} \frac{z^n}{n!} \\
&= (\gamma)_{j,k} E_{k,\alpha,\alpha j+\beta}^{\gamma+jk}(z).
\end{aligned}$$

□

Lema 11 *Sean α,β y $\gamma \in \mathbb{C}$ tales que $\mathfrak{Re}(\alpha) > 0$, $\mathfrak{Re}(\beta) > 0$ y sea $k \in \mathbb{R}$. Entonces*

$$\sum_{n=0}^{\infty} (x+y)^n E_{k,2\alpha,\alpha n+\beta}^{nk+k}(-xy) = \sum_{r=0}^{\infty} (-xyk)^r E_{k,\alpha,2\alpha r+\beta}^{rk+k}\left(\frac{x+y}{k}\right). \tag{3.33}$$

Demostración: Teniendo en cuenta que

$$\begin{aligned}
\frac{(nk+k)_{r,k}}{r!} &= \frac{k^r\left(\frac{nk}{k}+\frac{k}{k}\right)_r}{r!} \\
&= k^{r-n}k^n \frac{(n+1)_r}{r!} \\
&= k^{r-n}k^n \frac{\Gamma(n+r+1)_r}{\Gamma(n+1)r!} \\
&= k^{r-n}k^n \frac{(r+1)_n}{n!} \\
&= k^{r-n}k^n \frac{\left(\frac{rk+k}{k}\right)_n}{n!} \\
&= k^{r-n} \frac{(rk+k)_{n,k}}{n!}.
\end{aligned} \tag{3.34}$$

Comenzando por el primer miembro de (3.33) se tiene:

$$\sum_{n=0}^{\infty}\sum_{r=0}^{\infty}\frac{(x+y)^n(-xy)^r(nk+k)_{r,k}}{\Gamma_k(2\alpha r+\alpha n+\beta)r!}=$$

$$=\sum_{r=0}^{\infty}(-xyk)^r\sum_{n=0}^{\infty}\frac{(rk+k)_{n,k}\left(\frac{x+y}{k}\right)^n}{\Gamma_k(\alpha n+2\alpha r+\beta)n!}=$$

$$=\sum_{r=0}^{\infty}(-xyk)^r E_{k,\alpha,2\alpha r+\beta}^{rk+k}\left(\frac{x+y}{k}\right).$$

□

3.2.1. La función $\mathcal{E}(t,k,\alpha,\beta)$

Como es bien conocido la función

$$\mathcal{E}(t,\nu,a)=t^{\nu}E_{1,\nu+1}(at), \tag{3.35}$$

desempeña un rol importante en la solución de ecuaciones diferenciales fraccionarias (cf. [36]). En este parágrafo introduciremos una función k-análoga que está dada por la siguiente

Definición 22 *Sean α,β y γ números complejos tales que $\mathfrak{Re}(\alpha)>0$, $\mathfrak{Re}(\beta)>0$, $\mathfrak{Re}(\gamma)>0$, y $k>0$. Se define*

$$\mathcal{E}(t,k,\alpha,\beta)=t^{\frac{\beta}{k}-1}E_{k,\alpha,\beta}^{\gamma}\left(k^{\frac{\alpha}{k}-1}t^{\frac{\alpha}{k}}\right) \tag{3.36}$$

A continuación veremos cómo actúan sobre ésta función los operadores de integración y de derivación fraccionaria de Riemann-Liouville, como así también la transformada de Laplace.

Proposición 21 *Sean α,β y $\nu\in\mathbb{C}$, tales que $\mathfrak{Re}(\alpha)>0$, $\mathfrak{Re}(\beta)>0$, $\mathfrak{Re}(\nu)>0$ y sea $k>0$. La integral de Riemann-Liouville de orden ν de la función $\mathcal{E}(t,k,\alpha,\beta)$ está dada por*

$$I^{\nu}(\mathcal{E}(t,k,\alpha,\beta))(x)=k^{\nu}x^{\frac{\beta}{k}+\nu-1}E_{k,\alpha,\beta+\nu k}^{\gamma}\left(\frac{(kx)^{\frac{\alpha}{k}}}{k}\right). \tag{3.37}$$

Demostración: Si en (3.26) se toma $a = 1$ y se hace la siguiente sustitución se tiene

$$\delta = \frac{\gamma}{k}, \quad \rho = \frac{\alpha}{k}, \quad \mu = \frac{\beta}{k} \tag{3.38}$$

se tiene

$$k^{\mu-1} E^{\delta k}_{k,\rho k,\mu k}(k^{\rho-1}t^{\rho}) = E^{\delta}_{\rho,\mu}(t^{\rho}), \tag{3.39}$$

multiplicando ambos miembro por $t^{\mu-1}$

$$k^{\mu-1}t^{\mu-1} E^{\delta k}_{k,\rho k,\mu k}(k^{\rho-1}t^{\rho}) = t^{\mu-1}E^{\delta}_{\rho,\mu}(t^{\rho}) \tag{3.40}$$

Y, aplicando el operador integral fraccionaria de Riemann-Liouville de orden ν a ambos miembros, resulta

$$\begin{aligned} k^{\mu-1} I^{\nu}[t^{\mu-1} E^{\delta k}_{k,\rho k,\mu k}(k^{\rho-1}t^{\rho})](x) &= I^{\nu}[t^{\mu-1}E^{\delta}_{\rho,\mu}(t^{\rho})](x) \\ &= x^{\mu+\nu-1}E^{\delta}_{\rho,\nu+\mu}(x^{\rho}), \end{aligned} \tag{3.41}$$

(cf. [21]), es decir

$$I^{\nu}[t^{\frac{\beta}{k}-1}E^{\gamma}_{k,\alpha,\beta}(k^{\frac{\alpha}{k}-1}t^{\frac{\alpha}{k}})](x) = k^{1-\frac{\beta}{k}}x^{\frac{\beta}{k}+\nu-1}E^{\frac{\gamma}{k}}_{\frac{\alpha}{k},\frac{\beta+\nu k}{k}}(x^{\frac{\alpha}{k}}) \tag{3.42}$$

Entonces teniendo en cuenta (3.26) finalmente se tiene

$$I^{\nu}(\mathcal{E}(t,k,\alpha,\beta))(x) = k^{\nu}x^{\frac{\beta}{k}+\nu-1}E^{\gamma}_{k,\alpha,\beta+\nu k}\left(k^{\frac{\alpha}{k}-1}x^{\frac{\alpha}{k}}\right).$$

□

Mediante un procedimiento análogo, utilizando el operador derivada fraccionaria de Riemann-Liouville en (3.40) puede probarse la siguiente

Proposición 22 *Sean α,β y $\nu \in \mathbb{C}$, tales que $\Re(\alpha) > 0$, $\Re(\beta) > 0$, y, $n-1 < \Re(\nu) \leq n$, $n \in \mathbb{N}$. Sea D^{ν} la derivada fraccionaria de Riemann-Liouville de orden ν. Entonces se verifica*

$$D^{\nu}(\mathcal{E}(t,k,\alpha,\beta))(x) = k^{-\nu}x^{\frac{\beta}{k}-\nu-1}E^{\gamma}_{k,\alpha,\beta-\nu k}\left(\frac{(kx)^{\frac{\alpha}{k}}}{k}\right). \tag{3.43}$$

Lema 12 *Sean* α,β *y* $\gamma \in \mathbb{C}$, *tales que* $\mathfrak{Re}(\alpha) > 0$, $\mathfrak{Re}(\beta) > 0$ *y* $j \in \mathbb{N}$. *Entonces*

$$\left(\frac{d}{dz}\right)^j \left[z^{\frac{\beta}{k}-1} E^{\gamma}_{k,\alpha,\beta}\left(\frac{(kz)^{\frac{\alpha}{k}}}{k}\right)\right] = k^{-j} z^{\frac{\beta}{k}-j-1} E^{\gamma}_{k,\alpha,\beta-jk}\left(\frac{(kz)^{\frac{\alpha}{k}}}{k}\right). \tag{3.44}$$

Demostración: Es suficiente tomar $\nu = j$ en la Proposición 22 □

Proposición 23 *Sean* α,β,$\gamma \in \mathbb{C}$, *tales que* $\mathfrak{Re}(\alpha) > 0$, $\mathfrak{Re}(\beta) > 0$, $\mathfrak{Re}(\gamma) > 0$, $\mathfrak{Re}(s) > 0$, *y* $|as^{-\alpha/k}| < 1$. *Entonces se verifica*

$$\mathcal{L}\{z^{\frac{\beta}{k}-1} E^{\gamma}_{k,\alpha,\beta}(k^{\frac{\alpha}{k}-1} az)\}(s) = \frac{s^{\frac{\alpha\gamma}{k^2}} k^{1-\frac{\beta}{k}}}{s^{\frac{\beta}{k}} \left(s^{\frac{\alpha}{k}} - a\right)^{\frac{\gamma}{k}}}. \tag{3.45}$$

Demostración: De (3.26), multiplicando ambos miembros por $z^{\frac{\beta}{k}-1}$, se tiene:

$$k^{\frac{\beta}{k}-1} z^{\frac{\beta}{k}-1} E^{\gamma}_{k,\alpha,\beta}(k^{\frac{\alpha}{k}-1} az) = z^{\frac{\beta}{k}-1} E^{\frac{\gamma}{k}}_{\frac{\alpha}{k},\frac{\beta}{k}}(az). \tag{3.46}$$

Aplicando la transformada de Laplace a ambos miembros de (3.46) resulta:

$$k^{\frac{\beta}{k}-1} \mathcal{L}\{z^{\frac{\beta}{k}-1} E^{\gamma}_{k,\alpha,\beta}(k^{\frac{\alpha}{k}-1} az)\}(s) = \mathcal{L}\{z^{\frac{\beta}{k}-1} E^{\frac{\gamma}{k}}_{\frac{\alpha}{k},\frac{\beta}{k}}(az)\}(s) \tag{3.47}$$

y haciendo nuevamente la sustitución

$$\delta = \frac{\gamma}{k}, \quad \rho = \frac{\alpha}{k}, \quad \mu = \frac{\beta}{k} \tag{3.48}$$

resulta

$$k^{\mu-1} \mathcal{L}\{z^{\mu-1} E^{\delta k}_{k,\rho k,\mu k}(k^{\rho-1} az)\}(s) = \mathcal{L}\{z^{\mu-1} E^{\delta}_{\rho,\mu}(az)\}(s). \tag{3.49}$$

Pero el segundo miembro de (3.49) es igual a:

$$s^{-\mu}(1 - as^{-\rho})^{-\delta}, \ |as^{-\rho}| < 1, \quad \text{(cf. [21], eq.(11.8), pp. 17)} \tag{3.50}$$

es decir

$$k^{\mu-1} \mathcal{L}\{z^{\mu-1} E^{\delta k}_{k,\rho k,\mu k}(k^{\rho-1} az)\}(s) = \frac{s^{\rho\delta}}{s^{\mu}(s^{\rho} - a)^{\delta}}. \tag{3.51}$$

Entonces usando (3.48) se llega a que

$$\mathcal{L}\{z^{\frac{\beta}{k}-1}E^{\gamma}_{k,\alpha,\beta}(k^{\frac{\alpha}{k}-1}az)\}(s)=\frac{s^{\frac{\alpha\gamma}{k^2}}k^{1-\frac{\beta}{k}}}{s^{\frac{\beta}{k}}\left(s^{\frac{\alpha}{k}}-a\right)^{\frac{\gamma}{k}}},\quad |as^{-\alpha/k}|<1. \qquad (3.52)$$

□

Proposición 24 (Transformada Beta) *Si* $\alpha,\beta,\gamma,\delta\in\mathbb{C}$ *tales que* $\mathfrak{Re}(\alpha)>0$, $\mathfrak{Re}(\beta)>0$, $\mathfrak{Re}(\gamma)>0$, $\mathfrak{Re}(\delta)>0$ *and* $k\in\mathbb{R}$ *Entonces:*

$$\frac{1}{\Gamma_k(\delta)}\int_0^1\mu^{\frac{\beta}{k}-1}(1-\mu)^{\frac{\delta}{k}-1}E^{\gamma}_{k,\alpha,\beta}(z\mu^{\frac{\alpha}{k}})d\mu=kE^{\gamma}_{k,\alpha,\beta+\delta}(z) \qquad (3.53)$$

Demostración: Aplicando (1.59) al primer miembro de (3.53) se tiene

$$\begin{aligned}
&\frac{1}{\Gamma_k(\delta)}\int_0^1\mu^{\frac{\beta}{k}-1}(1-\mu)^{\frac{\delta}{k}-1}E^{\gamma}_{k,\alpha,\beta}(z\mu^{\frac{\alpha}{k}})d\mu=\\
&=\sum_{n\geq0}\left[\frac{(\gamma)_{n,k}z^n}{\Gamma_k(\alpha n+\beta)}\frac{1}{\Gamma_k(\delta)}\int_0^1\mu^{\frac{\beta}{k}-1}(1-\mu)^{\frac{\delta}{k}-1}\mu^{\frac{\alpha}{k}n}d\mu\right]\\
&=\sum_{n\geq0}\left[\frac{(\gamma)_{n,k}z^n}{\Gamma_k(\delta)}\frac{1}{\Gamma_k(\alpha n+\beta)}\int_0^1\mu^{\frac{\alpha}{k}n+\frac{\beta}{k}-1}(1-\mu)^{\frac{\delta}{k}-1}d\mu\right]\\
&=\sum_{n>0}\left[\frac{(\gamma)_{n,k}z^nk^{2-(\frac{\alpha}{k}+\frac{\beta}{k}+\frac{\delta}{k})}}{\Gamma(\frac{\delta}{k})\Gamma(\frac{\alpha}{k}n+\frac{\beta}{k})}\int_0^1\mu^{\frac{\alpha}{k}n+\frac{\beta}{k}-1}(1-\mu)^{\frac{\delta}{k}-1}d\mu\right]\\
&=k\sum_{n\geq0}\left[\frac{(\gamma)_{n,k}z^nk^{1-(\frac{\alpha}{k}+\frac{\beta}{k}+\frac{\delta}{k})}}{\Gamma(\frac{\delta}{k})\Gamma(\frac{\alpha}{k}n+\frac{\beta}{k})}B\left(\frac{\alpha}{k}n+\frac{\beta}{k};\frac{\delta}{k}\right)\right]. \qquad (3.54)
\end{aligned}$$

Utilizando la conocida relación entre las funciones Gamma y Beta (1.22) resulta:

$$\begin{aligned}
&\frac{1}{\Gamma_k(\delta)}\int_0^1\mu^{\frac{\beta}{k}-1}(1-\mu)^{\frac{\delta}{k}-1}E^{\gamma}_{k,\alpha,\beta}(z\mu^{\frac{\alpha}{k}})d\mu=\\
&=k\sum_{n\geq0}\frac{(\gamma)_{n,k}z^nk^{1-(\frac{\alpha}{k}+\frac{\beta}{k}+\frac{\delta}{k})}}{\Gamma(\frac{\alpha}{k}n+\frac{\beta}{k}+\frac{\delta}{k})}=k\sum_{n\geq0}\frac{(\gamma)_{n,k}z^n}{\Gamma_k(\alpha n+\beta+\delta)}=kE^{\gamma}_{k,\alpha,\beta+\delta}(z).
\end{aligned} \qquad (3.55)$$

□

En el siguiente teorema y su respectivo corolario se establecen dos relaciones de recurrencia para la función k-Mittag-Leffler que fueron planteadas y demostradas en [14].

Teorema 5 *Si* $\mathfrak{Re}(\alpha+p)>0$, $\mathfrak{Re}(\beta+p)>0$ *y* $\mathfrak{Re}(\gamma)>0$, *entonces se cumple*

$$E^{\gamma}_{k,\alpha+p,\beta+s+1}(z)-E^{\gamma}_{k,\alpha+p,\beta+s+2}(z)=$$

$$=(\beta+s)(\beta+s+2)E^{\gamma}_{k,\alpha+p,\beta+s+3}(z)+(\alpha+p)^2z^2\frac{d^2}{dz^2}E^{\gamma}_{k,\alpha+p,\beta+s+3}(z)$$

$$+(\alpha+p)\{\alpha+p+2(\beta+s+1)\}z\frac{d}{dz}E^{\gamma}_{k,\alpha+p,\beta+s+3}(z). \quad (3.56)$$

El siguiente corolario se obtiene haciendo $\alpha+p=v$ y $\beta+s=m$

Corolario 1 *Si* $v,m\in\mathbb{N}$ *entonces*

$$E^{\gamma}_{k,v,m+1}(z)=E^{\gamma}_{k,v,m+2}(z)+m(m+2)E^{\gamma}_{k,v,m+3}(z)+v^2z^2\frac{d^2}{dz^2}E^{\gamma}_{k,v,m+3}(z)$$

$$+v\{v+2(m+1)\}z\frac{d}{dz}E^{\gamma}_{k,v,m+3}(z). \quad (3.57)$$

A continuación enunciamos un teorema y su corolario también demostrados en [14] donde se establecen representaciones integrales para la función k-Mittag-Leffler.

Teorema 6 *Si* $\mathfrak{Re}(\alpha+p)>0$, $\mathfrak{Re}(\beta+s)>0$ *y* $\mathfrak{Re}(\gamma)>0$ *entonces*

$$\int_0^1 t^{\beta+s}E^{\gamma}_{k,\alpha+p,\beta+s}(t^{\alpha+p})dt=E^{\gamma}_{k,\alpha+a,\beta+s+1}(1)-E^{\gamma}_{k,\alpha+p,\beta+s+2}(1). \quad (3.58)$$

Corolario 2 *Si* $\alpha+p=v$, $b+s=m$ *y* $v,m\in\mathbb{N}$, *entonces*

$$\int_0^1 t^{m}E^{\gamma}_{k,v,m}(t^{v})dt=E^{\gamma}_{k,v,m+1}(1)-E^{\gamma}_{k,v,m+2}(1). \quad (3.59)$$

Capítulo 4

Funciones de Tipo Exponencial

En esta sección introducimos una nueva función de tipo Mittag-Leffler, la función k-α-Exponencial. Se estudian algunas de sus propiedades básicas, y su Transformada de Laplace.

4.1. La Función α-Exponencial.

Es bien conocido el importante rol desempeñado por la función de Mittag-Leffler en la solución de ecuaciones diferenciales fraccionarias. Un caso particular también importante es el de la función expresada en términos de la función de Mittag-Leffler, definida por:

$$z^{\beta-1}E_{\alpha,\beta}(\lambda z^{\alpha}), z \in \mathbb{C} \setminus \{0\} \tag{4.1}$$

α, β, $\lambda \in \mathbb{C}$, and $\mathfrak{Re}(\alpha) > 0$ (cf. [26]), donde $E_{\alpha,\beta}(z)$ denota la función de Mittag-Leffler definida, como ya se ha visto, por la serie

$$E_{\alpha,\beta}(z) = \sum_{k=0}^{\infty} \frac{z^k}{\Gamma(\alpha k + \beta)} \; ; \quad \alpha, \beta \in \mathbb{C}; \mathfrak{Re}(\alpha) > 0. \tag{4.2}$$

Como caso particular para $\alpha = \beta$, de la función definida en (4.1) da una función denotada por $e_{\alpha}^{\lambda z}$ y denominada función α-Exponencial, en consecuencia se tiene

$$e_{\alpha}^{az} = z^{\alpha-1}E_{\alpha,\alpha}(az^{\alpha}) \tag{4.3}$$

donde $z \in \mathbb{C} \setminus \{0\}$, $\mathfrak{Re}(\alpha) > 0$, y $a \in \mathbb{C}$, que de acuerdo con (4.1) se tiene

$$e_{\alpha}^{az} = z^{\alpha-1} \sum_{k=0}^{\infty} a^k \frac{z^{\alpha k}}{\Gamma\left[(k+1)\,\alpha\right]} \tag{4.4}$$

donde $\mathfrak{Re}(\alpha) > 0$. e_{α}^{az} es una función analítica con respecto a $z \in \mathbb{C} \setminus \{0\}$ y verifica las siguientes propiedades:

$$\lim_{z \to 0} \left[z^{1-\alpha} e_{\alpha}^{az}\right] = \frac{1}{\Gamma(\alpha)} \tag{4.5}$$

para $\mathfrak{Re}(\alpha) > 0$.

Para $n \in \mathbb{N}$ y $a \in \mathbb{C}$

$$\left(\frac{d}{dz}\right)^n e_{\alpha}^{az} = z^{\alpha-n-1} E_{\alpha,\alpha-n}(az^{\alpha}). \tag{4.6}$$

También, para $\mathfrak{Re}(s) > 0$, $a \in \mathbb{C}$, y $|as^{-\alpha}| < 1$; la transformada de Laplace es:

$$\mathcal{L}\left\{e_{\alpha}^{az}\right\}(s) = \frac{1}{s^{\alpha} - a}. \tag{4.7}$$

(cf. [26]).

4.2. La Función k-α-Exponencial

Definición 23 *Sea a, α, $\gamma \in \mathbb{C}$, $\mathfrak{Re}(\alpha) > 0$, $\mathfrak{Re}(\gamma) > 0$, $k > 0$ y $z \in \mathbb{C} \setminus \{0\}$, la la función k-α-Exponencial está definida por*

$${}_k e_{\gamma,\alpha}^{az} = z^{\frac{\alpha}{k}-1} E_{k,\alpha,\alpha}^{\gamma}(az^{\frac{\alpha}{k}}) \tag{4.8}$$

donde $E_{k,\alpha,\alpha}^{\gamma}(az^{\frac{\alpha}{k}})$ es la función k-Mittag-Leffler dada en (3.19).

En lo que sigue se demuestran propiedades que generalizan otras análogas verificadas por la función α-Exponencial.

Proposición 25 *Sea a, α, $\gamma \in \mathbb{C}$, $\mathfrak{Re}(\alpha) > 0$, $\mathfrak{Re}(\gamma) > 0$, $k > 0$ entonces*

$$\lim_{z \to 0} \left[z^{1-\frac{\alpha}{k}}\ {}_k e_{\gamma,\alpha}^{az}\right] = \frac{1}{\Gamma_k(\alpha)}. \tag{4.9}$$

Demostración:

$$\lim_{z\to 0}\left[z^{1-\frac{\alpha}{k}}\ {}_ke^{az}_{\gamma,\alpha}\right]=\lim_{z\to 0}\left[\frac{(\gamma)_{0,k}}{\Gamma_k(\alpha)0!}+\sum_{n\geq 1}\frac{(\gamma)_{n,k}a^n z^{\frac{\alpha n}{k}}}{\Gamma_k\left((n+1)\alpha\right)}n!\right]=\frac{1}{\Gamma_k(\alpha)}.$$

□

Puede observarse que, cuando $k=1$, (4.9) coincide con (4.5).

Lema 13 *Sea* $\alpha,\ \gamma\in\mathbb{C}$, $\mathfrak{Re}(\alpha)>0$ *y* $n\in\mathbb{N}$. *Entonces*

$$\frac{\partial}{\partial z}\left({}_ke^{az}_{\gamma,\alpha}\right)=az^{\frac{\alpha}{k}-1}\frac{\alpha}{k}\left(1-\frac{k}{\alpha}\right)\ {}_ke^{az}_{\gamma,\alpha}+$$
$$+\,az^{\frac{\alpha}{k}-1}\frac{\alpha}{k}(\gamma)_{1,k}\left[z^{\frac{\alpha}{k}-1}E^{\gamma+k}_{k,\alpha,2\alpha}(az^{\frac{\alpha}{k}})\right].\qquad(4.10)$$

Demostración:

$$\begin{aligned}\frac{\partial}{\partial z}\left({}_ke^{az}_{\gamma,\alpha}\right)&=\frac{\partial}{\partial z}\left(\frac{1}{a^{1-(k/\alpha)}}w^{1-k/\alpha}E^{\gamma}_{k,\alpha,\alpha(w)}\right)\\&=\frac{1}{a^{1-(k/\alpha)}}\frac{\partial}{\partial w}\underbrace{\left(w^{1-k/\alpha}E^{\gamma}_{k,\alpha,\alpha}(w)\right)}_{\diamond}\underbrace{\frac{\partial w}{\partial z}}_{\diamond\diamond}.\qquad(4.11)\end{aligned}$$

Usando (3.32) tenemos

$$\begin{aligned}\diamond&=\left(1-\frac{k}{\alpha}\right)w^{(1-\frac{k}{\alpha})-1}E^{\gamma}_{k,\alpha,\alpha}(w)+w^{1-\frac{k}{\alpha}}\frac{\partial}{\partial w}\left[E^{\gamma}_{K,\alpha,\alpha(w)}\right]\\&=\left(1-\frac{k}{\alpha}\right)w^{(1-\frac{k}{\alpha})-1}E^{\gamma}_{k,\alpha,\alpha}(w)+w^{1-\frac{k}{\alpha}}\left[(\gamma)_{1,k}E^{\gamma+k}_{k,\alpha,2\alpha}(w)\right](4.12)\end{aligned}$$

y

$$\diamond\diamond=\frac{\partial}{\partial z}(az^{\frac{\alpha}{k}})=a\frac{\alpha}{k}z^{\frac{\alpha}{k}-1}.\qquad(4.13)$$

Reemplazando $\diamond$ y $\diamond\diamond$ en (4.11) tenemos

$$\begin{aligned}
\frac{\partial}{\partial z}\left({}_k e^{az}_{\gamma,\alpha}\right) &= \frac{1}{a^{1-(k/\alpha)}} a\frac{\alpha}{k} z^{\frac{\alpha}{k}-1} \times \\
&\times \left[\left(1-\frac{k}{\alpha}\right) w^{(1-\frac{k}{\alpha})-1} E^{\gamma}_{k,\alpha,\alpha}(w) + w^{1-\frac{k}{\alpha}}(\gamma)_{1,k} E^{\gamma+k}_{k,\alpha,2\alpha}(w)\right] \\
&= a\frac{\alpha}{k}\frac{z^{\frac{\alpha}{k}-1}}{a^{1-(k/\alpha)}} \times \\
&\times \left[\left(1-\frac{k}{\alpha}\right) w^{(1-\frac{k}{\alpha})-1} E^{\gamma}_{k,\alpha,\alpha}(w) + w^{1-\frac{k}{\alpha}}(\gamma)_{1,k} E^{\gamma+k}_{k,\alpha,2\alpha}(w)\right] \\
&= a\frac{\alpha}{k}\frac{z^{\frac{\alpha}{k}-1}}{a^{1-(k/\alpha)}}\left(1-\frac{k}{\alpha}\right) w^{(1-\frac{k}{\alpha})-1} E^{\gamma}_{k,\alpha,\alpha}(w) + \\
&\quad + a\frac{\alpha}{k}\frac{z^{\frac{\alpha}{k}-1}}{a^{1-(k/\alpha)}} w^{1-\frac{k}{\alpha}}(\gamma)_{1,k} E^{\gamma+k}_{k,\alpha,2\alpha}(w) \\
&= a z^{\frac{\alpha}{k}-1}\frac{\alpha}{k}\left(1-\frac{k}{\alpha}\right)\left[\frac{w^{(1-\frac{k}{\alpha})-1}x}{a^{1-(k/\alpha)}} E^{\gamma}_{k,\alpha,\alpha}(w)\right] \\
&\quad + a z^{\frac{\alpha}{k}-1}\frac{\alpha}{k}(\gamma)_{1,k}\left[\frac{w^{1-\frac{k}{\alpha}}}{a^{1-(k/\alpha)}} E^{\gamma+k}_{k,\alpha,2\alpha}(w)\right] \\
&= a z^{\frac{\alpha}{k}-1}\frac{\alpha}{k}\left(1-\frac{k}{\alpha}\right) {}_k e^{az}_{\gamma,\alpha} + \\
&\quad + a z^{\frac{\alpha}{k}-1}\frac{\alpha}{k}(\gamma)_{1,k}\left[z^{\frac{\alpha}{k}-1} E^{\gamma+k}_{k,\alpha,2\alpha}(a z^{\frac{\alpha}{k}})\right].
\end{aligned}$$

□

Lema 14 *Sean* α, $\gamma \in \mathbb{C}$, $\mathfrak{Re}(\alpha) > 0$ *y* $n \in \mathbb{N}$. *Entonces*

$$\left(\frac{\partial}{\partial z}\right)^n {}_k e^{az}_{\gamma,\alpha} = \sum_{j=0}^{n} \binom{n}{k} \frac{k}{\alpha}\left(\frac{\alpha}{k}\right)_{j+1,-1} z^{\frac{\alpha}{k}-1-n} A_j \tag{4.14}$$

con

$$A_j = \left\{\sum_{l=1}^{L} \frac{(n-j)!}{p_1!...p_{n-j}!}\left[(\gamma)_{p,k} E^{\gamma+pk}_{k,\alpha,\alpha(p+1)}(w)\right] \prod_{q=1}^{n-j}\left(\frac{w^{(q)}(z)}{q!}\right)^{p_q}\right\} \tag{4.15}$$

donde: $(p_1, p_2, ..., p_{n-j})$ *es la solución de la ecuación*

$$p_1 + 2p_2 + ... + (n-j)p_{n-j} = n,$$

y L *es su número de soluciones,* $p = p_1 + p_2 + ... + p_{n-j}$.

Demostración: Haciendo el cambio $z = \left(\frac{w}{a}\right)^{\frac{k}{\alpha}}$ tenemos:

$$\begin{aligned} {}_k e^{az}_{\gamma,\alpha} &= z^{\frac{\alpha}{k}-1} E^{\gamma}_{k,\alpha,\alpha}(a z^{\frac{a}{k}}) \\ &= \left(\frac{w}{a}\right)^{1-\frac{k}{\alpha}} E^{\gamma}_{K,\alpha,\alpha}(w). \end{aligned} \tag{4.16}$$

Aplicando la regla de Leibniz para las derivadas y la regla de la cadena para la derivación de la composición de dos funciones, y teniendo en cuenta (3.32) tenemos

$$\begin{aligned} \left(\frac{\partial}{\partial z}\right)^n {}_k e^{az}_{\gamma,\alpha} &= \left(\frac{\partial}{\partial z}\right)^n \left[\left(\frac{w}{a}\right)^{1-\frac{k}{\alpha}} E^{\gamma}_{k,\alpha,\alpha}(w)\right] \\ &= \sum_{j=0}^{n} \binom{n}{k} \left(\frac{\partial}{\partial z}\right)^j \left(\frac{w}{a}\right)^{1-\frac{k}{\alpha}} \left(\frac{\partial}{\partial z}\right)^{n-j} E^{\gamma}_{k,\alpha,\alpha}(w) \\ &= \sum_{j=0}^{n} \binom{n}{k} \frac{k}{\alpha} \left(\frac{\alpha}{k}\right)_{j+1,-1} z^{\frac{\alpha}{k}-1-n} \times \\ \sum_{l=1}^{L} \frac{(n-j)!}{p_1!...p_{n-j}!} &\left[\left(\frac{\partial}{\partial z}\right)^p E^{\gamma}_{k,\alpha,\alpha}(w)\right] w'(z)^{p_1} \left(\frac{w''(z)}{2}\right)^{p_2} ... \left(\frac{w^{(n-j)}(z)}{(n-j)!}\right)^{p_{n-j}} \\ &= \sum_{j=0}^{n} \binom{n}{k} \frac{k}{\alpha} \left(\frac{\alpha}{k}\right)_{j+1,-1} z^{\frac{\alpha}{k}-1-n} \times \\ \sum_{l=1}^{L} \frac{(n-j)!}{p_1!...p_{n-j}!} &\left[(\gamma)_{p,k} E^{\gamma+pk}_{k,\alpha,\alpha(p+1)}(w)\right] w'(z)^{p_1} \left(\frac{w''(z)}{2}\right)^{p_2} ... \left(\frac{w^{(n-j)}(z)}{(n-j)!}\right)^{p_{n-j}}. \end{aligned} \tag{4.17}$$

donde: $(p_1, p_2, ..., p_{n-j})$ es solución de la ecuación

$$p_1 + 2p_2 + ... + (n-j)p_{n-j} = n,$$

y L es el número de soluciones, $p = p_1 + p_2 + ... + p_{n-j}$.

□

4.2.1. Derivada fraccionaria de Riemann-Liouville de orde $\frac{\alpha}{k}$ de la función k-α-Exponencial

Comenzaremos calculando la derivada de Riemann-Liouville de orden α/k de la función k-α-Exponencial.

Sea ${}_ke^{az}_{\gamma,\alpha}$ la función k-α-Exponencial definida en (4.8), dada por

$$\begin{aligned} {}_ke^{az}_{\gamma,\alpha} &= z^{\frac{\alpha}{k}-1}E^{\gamma}_{k,\alpha,\alpha}\left(az^{\frac{\alpha}{k}}\right) \\ &= z^{\frac{\alpha}{k}-1}\sum_{n=0}^{\infty}\frac{(\gamma)_{n,\gamma}\left(az^{\frac{\alpha}{k}}\right)}{\Gamma_k\left[(n+1)\alpha\right]n!}. \end{aligned} \tag{4.18}$$

Teniendo en cuenta la fórmula (1.98) se tiene

$$D^{\frac{\alpha}{k}}\left[{}_ke^{az}_{\gamma,\alpha}\right]=\sum_{n=1}^{\infty}\frac{(\gamma)_{n,k}a^n\Gamma\left[\frac{\alpha}{k}(n+1)\right]z^{\frac{\alpha}{k}n-1}}{\Gamma_k\left[(n+1)\alpha\right]n!\;\Gamma\left[\frac{\alpha}{k}(n+1)-\frac{\alpha}{k}\right]}. \tag{4.19}$$

Usando la relación existente entre las dos funciones Gamma dadas por (1.59) se tiene

$$\begin{aligned} D^{\frac{\alpha}{k}}\left[{}_ke^{az}_{\gamma,\alpha}\right] &= \sum_{n=1}^{\infty}\frac{(\gamma)_{n,k}a^nk^{1-\frac{\alpha}{k}(n+1)}\Gamma_k\left[\alpha(n+1)\right]z^{\frac{\alpha}{k}n-1}}{\Gamma_k\left[\alpha(n+1)\right]n!\;k^{1-\left[\frac{\alpha}{k}(n+1)-\frac{\alpha}{k}\right]}\Gamma_k\left[\alpha(n+1)-\alpha\right]} \\ &= \frac{az^{\frac{\alpha}{k}-1}}{k^{\frac{\alpha}{k}}}\sum_{n=0}^{\infty}\frac{(\gamma)_{n+1,k}\left(az^{\frac{\alpha}{k}}\right)}{(n+1)!\;\Gamma_k\left[\alpha(n+1)\right]}. \end{aligned} \tag{4.20}$$

Si en (4.20) se considera $k=\gamma=1$ obtenemos la fórmula (23) de [4].

4.3. Representaciones Integrales de la Función k-α-Exponencial

En esta sección, exponemos dos representaciones integrales para la función k-α-Exponencial y un corolario donde se la expresa a partir de la integral fraccionaria de Riemann-Liouville.

Teorema 7 *Sean* $a,\alpha,\ \gamma\in\mathbb{C}$, $\mathfrak{Re}(\alpha)>0$, $\mathfrak{Re}(\gamma)>0$ *y* $k>0$ *entonces*

$${}_ke^{az}_{\gamma,\alpha}=\frac{1}{\alpha}\int_0^1\left(1-t^{\frac{1}{\alpha}}\right)\ {}_ke^{atz}_{\gamma,\alpha}\ dt. \tag{4.21}$$

Demostración: Consideremos,

$$\int_0^1\left(1-t^{\frac{1}{\alpha}}\right)\ {}_ke^{atz}_{\gamma,\alpha}\ dt. \tag{4.22}$$

Aplicando (4.8) y sustituyendo $u = t^{1/\alpha}$, obtenemos

$$z^{\frac{\alpha}{k}-1}\sum_{n=1}^{\infty}\frac{(\gamma)_{n,k}}{\Gamma(\alpha(n+1))}\frac{\left(az^{\frac{\alpha}{n}}\right)^n}{n!}\int_0^1 u^{\alpha(n+1)-1}(1-u)du \tag{4.23}$$

Teniendo en cuenta la definición de la función Beta, llegamos a que

$$\alpha\ z^{\frac{\alpha}{k}-1}\sum_{n=1}^{\infty}\frac{(\gamma)_{n,k}}{\Gamma(\alpha(n+1))}\frac{\left(az^{\frac{\alpha}{n}}\right)^n}{n!} = \alpha\ \ {}_ke^{az}_{\gamma,\alpha}. \tag{4.24}$$

□

Teorema 8 *Sean a,α, $\gamma \in \mathbb{C}$, $\mathfrak{Re}(\alpha) > 0$, $\mathfrak{Re}(\gamma) > 0$ y $k > 0$, entonces*

$${}_ke^{az}_{\gamma,\alpha} = \int_0^1 (1-t)^{\alpha-1}\ {}_ke^{a(1-t)^{\alpha}z}_{\gamma,\alpha}\ dt. \tag{4.25}$$

Demostración: Ahora consideremos,

$$\int_0^1 (1-t)^{\alpha-1}\ {}_ke^{a(1-t)^{\alpha}z}_{\gamma,\alpha}\ dt. \tag{4.26}$$

Aplicando (4.8), tenemos que

$$z^{\frac{\alpha}{k}-1}\sum_{n=1}^{\infty}\frac{(\gamma)_{n,k}\left(az^{\frac{\alpha}{k}}\right)^n}{\Gamma\left(\alpha(n+1)\right)n!}\int_0^1 (1-t)^{\alpha(n+1)-1}\ dt. \tag{4.27}$$

Teniendo en cuenta la definición de la función Beta, se tiene

$$z^{\frac{\alpha}{k}-1}\sum_{n=1}^{\infty}\frac{(\gamma)_{n,k}\left(az^{\frac{\alpha}{k}}\right)^n}{\Gamma\left(\alpha(n+1)\right)n!}\int_0^1 (1-t)^{\alpha(n+1)-1}\ dt = \ {}_ke^{az}_{\gamma,\alpha}. \tag{4.28}$$

□

Corolario 3 *Dados a,α, $\gamma \in \mathbb{C}$, $\mathfrak{Re}(\alpha) > 0$, $\mathfrak{Re}(\gamma) > 0$, $k > 0$; entonces*

$${}_ke^{az}_{\gamma,\alpha} = \frac{\Gamma(\alpha)}{(x-a)^{\alpha}}I^{\alpha}_a\left(\ {}_ke^{a\left(\frac{x-\xi}{x-a}\right)^{\alpha}z}_{\gamma,\alpha}\right)(x). \tag{4.29}$$

Demostración: Introduciendo el cambio $\xi = a + t(x-a)$ en el teorema 8, se tiene

$$\begin{aligned}
{}_ke_{\gamma,\alpha}^{az} &= \int_a^x \left(\frac{x-t}{x-a}\right)^{\alpha-1} {}_ke_{\gamma,\alpha}^{a\left(\frac{x-t}{x-a}\right)^\alpha z} \frac{1}{x-a} dt \\
&= \frac{\Gamma(\alpha)}{(x-a)^\alpha}\left[\frac{1}{\Gamma(\alpha)}\int_a^x (x-t)^{\alpha-1} {}_ke_{\gamma,\alpha}^{a\left(\frac{x-\xi}{x-a}\right)^\alpha z} \frac{1}{x-a} dt\right] \\
&= \frac{\Gamma(\alpha)}{(x-a)^\alpha} I_a^\alpha \left({}_ke_{\gamma,\alpha}^{a\left(\frac{x-\xi}{x-a}\right)^\alpha z}\right)(x). \qquad (4.30)
\end{aligned}$$

□

4.4. La Función $\mathcal{E}_j^{k,\gamma,\alpha}(\lambda z)$

En este apartado introducimos una familia de funciones de tipo Mittag-Leffler que será usada en el próximo capítulo para definir k-Funciones Trigonométricas.

Definición 24 : *Sean α, $\gamma \in \mathbb{C}$, $\mathfrak{Re}(\gamma) > 0$, $\mathfrak{Re}(s) > 0$, $k > 0$ y $z \in \mathbb{C} \setminus \{0\}$, y $j \in \mathbb{N}_0$.*

$$\mathcal{E}_j^{k,\gamma,\alpha}(\lambda z) = \sum_{n\geq 0} \frac{(\gamma)_{n+j,k}\lambda^n z^{\frac{\alpha}{k}(n+1)-1}}{\Gamma_k(\alpha(n+1))(n+j)!}. \qquad (4.31)$$

Se puede ver que si en (4.31) se considera $j = 0$ se obtiene la función k-α-Exponencial (cf. [33])

$${}_ke_{\gamma,\alpha}^{\lambda z} = z^{\alpha/k-1} E_{k,\alpha,\alpha}^\gamma \left(\lambda z^{\alpha/k}\right), \qquad (4.32)$$

Cuando $j = 0$ y $k = 1$ se obtiene la función α-Exponencial dada en (4.3).

Demostraremos que la función $\mathcal{E}_j^{k,\gamma,\alpha}$ satisface las siguientes propiedades:

$$\mathcal{E}_0^{k,\gamma,\alpha}(\lambda z) ={}_k e_{\gamma,\alpha}^{\lambda z} \qquad (4.33)$$

$$D^{\alpha/k}\left[\mathcal{E}_0^{k,\gamma,\alpha}(\lambda z)\right] = \lambda k^{-\alpha/k} \mathcal{E}_1^{k,\gamma,\alpha}(\lambda z) \qquad (4.34)$$

$$D^{\alpha/k}\left[\mathcal{E}_j^{k,\gamma,\alpha}(\lambda z)\right] = \lambda k^{-\alpha/k} \mathcal{E}_{j+1}^{k,\gamma,\alpha}(\lambda z) \qquad (4.35)$$

$$\left(D^{\alpha/k}\right)^j \left({}_ke_{\gamma,\alpha}^{\lambda z}\right) = \left(\lambda k^{-\alpha/k}\right)^j \mathcal{E}_j^{k,\gamma,\alpha}(\lambda z) \qquad (4.36)$$

Demostración: La propiedad (4.33) resulta de (4.31) cuando $j = 0$. Además, es suficiente probar (4.35) para ver que se también se verifica (4.34). Finalmente mostraremos las propiedad (4.35) por inducción sobre el índice j. Probemos que se verifica (4.36). Usando la definición (4.31) y la relación (1.98):

$$D^{\alpha/k}\left(\mathcal{E}_j^{k,\gamma,\alpha}(\lambda z)\right) = \sum_{n\geq 1} \frac{(\gamma)_{n+j}\lambda^n}{\Gamma_k\left[\alpha(n+1)\right](n+j)!} D^{\alpha/k}\left(z^{\alpha/k(n+1)-1}\right)$$
$$= \sum_{n\geq 1} \frac{(\gamma)_{n+j}\lambda^n}{\Gamma_k\left[\alpha(n+1)\right](n+j)!} \frac{\Gamma(\frac{\alpha}{k}(n+1))}{\Gamma(\frac{\alpha n}{k})} z^{\frac{\alpha}{k}n-1}. \quad (4.37)$$

Ahora, teniendo en cuenta la relación entre la función Gamma clásica y la función k-Gamma, $\Gamma(\frac{\alpha n}{k}) = k^{1-\frac{\alpha n}{n}}\Gamma(\alpha n)$, resulta

$$\begin{aligned} D^{\alpha/k}\left(\mathcal{E}_j^{k,\gamma,\alpha}(\lambda z)\right) &= \sum_{n\geq 1} \frac{(\gamma)_{n+j}\lambda^n}{\Gamma_k\left[\alpha(n+1)\right](n+j)!} \frac{k^{-\frac{\alpha}{k}}\Gamma(\alpha(n+1))}{\Gamma(\alpha n)} z^{\frac{\alpha}{k}n-1} \\ &= k^{-\frac{\alpha}{k}} \sum_{n\geq 1} \frac{(\gamma)_{n+j+1}\lambda^{n+1}}{\Gamma_k\left[\alpha(n+1)\right](n+j+1)!} z^{\frac{\alpha}{k}n-1} \\ &= \lambda k^{-\alpha/k}\mathcal{E}_{j+1}^{k,\gamma,\alpha}(\lambda z). \end{aligned} \quad (4.38)$$

Ahora probamos la propiedad (4.36). En vista de las propiedades (4.33) y (4.34) sabemos que esta relación se verifica para $j = 1$. Supongamos que la propiedad se verifica para $j = n$, y veamos que esto implica que la igualdad se verifica para $j = n + 1$:

$$\begin{aligned} \left(D^{\alpha/k}\right)^{j+1}(\mathcal{E}_0^{k,\gamma,\alpha}) &= D^{\alpha/k}\left(D^{\alpha/k}\right)^j(\mathcal{E}_0^{k,\gamma,\alpha}) = D^{\alpha/k}\left[\left(\lambda k^{-\alpha/k}\right)^j \mathcal{E}_j^{k,\gamma,\alpha}\right] \\ &= \left(\lambda k^{-\alpha/k}\right)^j D^{\alpha/k}(\mathcal{E}_j^{k,\gamma,\alpha}) \\ &= \left(\lambda k^{-\alpha/k}\right)^{j+1} \mathcal{E}_{j+1}^{k,\gamma,\alpha}; \end{aligned} \quad (4.39)$$

que es a lo que queríamos llegar. □

4.5. k-Funciones Trigonométricas

En trigonometría clásica las funciones coseno y seno pueden definirse a partir de la función exponencial, mediante las conocidas expresiones

$$\cos t = \frac{e^{it} + e^{-it}}{2}; \qquad \sin t = \frac{e^{it} - e^{-it}}{2i} \tag{4.40}$$

Con la introducción de la función α-exponencial e_{α}^{az} es posible dar expresiones que definan las funciones coseno y seno fraccionarios, teniéndose

$$\cos_{\alpha,\alpha}(a,t) = \frac{e_{\alpha}^{ait} + e_{\alpha}^{-ait}}{2},\ t > 0 \tag{4.41}$$

y

$$\sin_{\alpha,\alpha}(a,t) = \frac{e_{\alpha}^{ait} - e_{\alpha}^{-ait}}{2i},\ t > 0. \tag{4.42}$$

Fácilmente puede probarse que estas funciones satisfacen las siguientes identidades

$$\cos_{\alpha,\alpha}(-a,t) = \cos_{\alpha,\alpha}(a,t) \tag{4.43}$$

$$\sin_{\alpha,\alpha}(-a,t) = -\sin_{\alpha,\alpha}(a,t) \tag{4.44}$$

$$\cos^2_{\alpha,\alpha}(a,t) + \sin^2_{\alpha,\alpha}(a,t) = e_{\alpha}^{ait}.e_{\alpha}^{-ait} \tag{4.45}$$

Además, para la elección de $\alpha = 1$, resulta

$$\cos_{1,1}(a,t) = \cos(at); \quad \sin_{1,1}(a,t) = \sin(at) \tag{4.46}$$

Por lo que las funciones $\cos_{\alpha,\alpha}(a,t)$ y $\sin_{\alpha,\alpha}(a,t)$ constituyen una generalización de las funciones trigonométricas clásicas coseno y seno.

Puede calcularse las derivadas fraccionarias de Riemann-Liouville de estas funciones teniendo en cuenta que

$$D^{\alpha}\left(e_{\alpha}^{at}\right) = ae_{\alpha}^{at},\ t > 0. \tag{4.47}$$

Entonces

$$D^{\alpha}\left(\cos_{\alpha,\alpha}(a,t)\right) = -a\sin_{\alpha,\alpha}(a,t) \tag{4.48}$$

y

$$D^{\alpha}\left(\sin_{\alpha,\alpha}(a,t)\right) = a\cos_{\alpha,\alpha}(a,t) \tag{4.49}$$

Por otra parte, cuando $a = i\lambda$, $\lambda \in \mathbb{R}$, y $x - a = t > 0$, (4.18) se puede escribir

$$\begin{aligned} {}_ke_{\gamma,\alpha}^{i\lambda t} &= t_k^{\frac{\alpha}{k}-1} E_{\alpha,\alpha}^{\gamma}\left(i\lambda t^{\frac{\alpha}{k}}\right) \\ &= \sum_{n=0}^{\infty} \frac{(\gamma)_{n,k} i^n \lambda^n t^{\frac{\alpha}{k}(n+1)-1}}{\Gamma_k\left[(n+1)\alpha\right] n!} \end{aligned} \tag{4.50}$$

donde i es la unidad imaginaria.

Agrupando los sumandos de acuerdo con las potencias de la unidad imaginaria y la paridad de n, se obtiene

$$
{}_k e^{i\lambda t}_{\gamma,\alpha} = \sum_{n=0}^{\infty} \frac{(-1)^n (\gamma)_{2n,k} \lambda^{2n} t^{\frac{\alpha}{k}(2n+1)-1}}{\Gamma_k\left[(2n+1)\alpha\right](2n)!} + i \sum_{n=0}^{\infty} \frac{(-1)^n (\gamma)_{2n+1,k} \lambda^{2n+1} t^{2\frac{\alpha}{k}(n+1)-1}}{\Gamma_k\left[2\alpha(n+1)\right](2n+1)!}. \tag{4.51}
$$

Teniendo en cuenta lo anterior, se define

$$
{}_k \cos_{\gamma,\alpha}(\lambda t) = \mathfrak{Re}\left({}_k e^{i\lambda t}_{\gamma,\alpha}\right) \tag{4.52}
$$

y

$$
{}_k \sin_{\gamma,\alpha}(\lambda t) = \mathfrak{Im}\left({}_k e^{i\lambda t}_{\gamma,\alpha}\right). \tag{4.53}
$$

Si $\gamma = k = 1$, coinciden con las fórmulas (20) y (21) de [4], es decir, se tiene

$$
{}_1 \cos_{1,\alpha}(\lambda t) = \sum_{n=0}^{\infty} \frac{(-1)^n \lambda^{2n} t^{k(2n+1)-1}}{\Gamma_k\left[(2n+1)\alpha\right]} \tag{4.54}
$$

y

$$
{}_1 \sin_{1,\alpha}(\lambda t) = \sum_{n=0}^{\infty} \frac{(-1)^n \lambda^{2n+1} t^{k(2n+2)-1}}{\Gamma_k\left[(2n+2)\alpha\right]}, \tag{4.55}
$$

que, cuando $\lambda = 1$, coinciden con las formulas de [5]. Entonces puede escribirse

$$
{}_k e^{i\lambda t}_{\gamma,\alpha} = {}_k \cos_{\gamma,\alpha}(\lambda t) + i \; {}_k \sin_{\gamma,\alpha}(\lambda t). \tag{4.56}
$$

De (4.52) y (4.53), cuando $k = \alpha = \gamma = 1$, se tiene

$$
{}_1 \cos_{1,1}(t) = \cos(t) = \mathfrak{Re}\left(e^{it}\right) \tag{4.57}
$$

y

$$
{}_1 \sin_{1,1}(t) = \sin(t) = \mathfrak{Im}\left(e^{it}\right). \tag{4.58}
$$

Análogamente

$$
{}_k e^{-i\lambda t}_{\gamma,\alpha} = {}_k \cos_{\gamma,\alpha}(\lambda t) - i \; {}_k \sin_{\gamma,\alpha}(\lambda t). \tag{4.59}
$$

De (4.56) y (4.59) resultan

$$ {}_k\cos_\alpha(\lambda t) = \frac{{}_k e^{i\lambda t}_{\alpha,\alpha} + {}_k e^{-i\lambda t}_{\alpha,\alpha}}{2} \tag{4.60} $$

y

$$ {}_k\sin_\alpha(\lambda t) = \frac{{}_k e^{i\lambda t}_{\alpha,\alpha} - {}_k e^{-i\lambda t}_{\alpha,\alpha}}{2i}. \tag{4.61} $$

Claramente puede verse que cuando $k = \alpha = \gamma = 1$ resultan las conocidas expresiones de las funciones trigonométricas clásicas dadas en (4.40).

De las fórmuas (4.60) y (4.61) podemos derivar las siguientes propiedades:

$$ {}_k\cos_\alpha(-\lambda t) \;=\; {}_k\cos_\alpha(\lambda t) \tag{4.62} $$

$$ {}_k\sin_\alpha(-\lambda t) \;=\; -{}_k\sin_\alpha(\lambda t) \tag{4.63} $$

$$ {}_k\cos^2_{\gamma,\alpha}(\lambda t) \;+\; {}_k\sin^2_{\gamma,\alpha}(\lambda t) ={}_k e^{i\lambda t}_{\gamma,\alpha}\; {}_k e^{-i\lambda t}_{\gamma,\alpha} \tag{4.64} $$

Reemplazando k,α, γ y λ por 1 en (4.64) se obtiene la bien conocida relación

$$ \cos^2(t) + \sin^2(t) = 1. \tag{4.65} $$

Otras generalizaciones de las funciones trigonométricas clásicas coseno y seno, están dadas por la siguiente

Definición 25 : *Sean α, $\gamma \in \mathbb{C}$, $\mathfrak{Re}(\alpha) > 0$, $\mathfrak{Re}(\gamma) > 0$, $k > 0$ y $z \in \mathbb{C} \setminus \{0\}$ y $j \in \mathbb{N}_0$, se definen*

$$ {}_j\cos_{k,\gamma,\alpha}(\lambda z) = Re\left\{\mathcal{E}_j^{k,\gamma,\alpha}(i\lambda z)\right\}, \tag{4.66} $$

$$ {}_j\sin_{k,\gamma,\alpha}(\lambda z) = Im\left\{\mathcal{E}_j^{k,\gamma,\alpha}(i\lambda z)\right\}, \tag{4.67} $$

o equivalentemente,

$$ {}_j\cos_{k,\gamma,\alpha}(\lambda z) \;=\; \sum_{n\geq 0} \frac{(-1)^n(\gamma)_{2n+j,k}\lambda^{2n} z^{\alpha/k(2n+1)-1}}{\Gamma_k\left[\alpha(2n+1)\right](2n+j)!}, \tag{4.68} $$

$$ {}_j\sin_{k,\gamma,\alpha}(\lambda z) \;=\; \sum_{n\geq 0} \frac{(-1)^n(\gamma)_{2n+1+j,k}\lambda^{2n+1} z^{\alpha/k(2n+2)-1}}{\Gamma_k\left[\alpha(2n+2)\right](2n+1+j)!}. \tag{4.69} $$

Estas funciones, satisfacen las siguientes propiedades:

Lema 15 *Dados* $\alpha, \gamma \in \mathbb{C}$, $\mathfrak{Re}(\gamma) > 0$, $\mathfrak{Re}(s) > 0$, $k > 0$ *y* $z \in \mathbb{C} \setminus \{0\}$ *y* $j \in \mathbb{N}_0$, *entonces valen*

$$D^{\alpha/k}\left\{_j \sin_{k,\gamma,\alpha}(\lambda z)\right\} = \lambda k^{-\alpha/k}\ _{j+1}\cos_{k,\gamma,\alpha}(\lambda z). \tag{4.70}$$

$$D^{\alpha/k}\left\{_j \cos_{k,\gamma,\alpha}(\lambda z)\right\} = -\lambda k^{-\alpha/k}\ _{j+1}\sin_{k,\gamma,\alpha}(\lambda z). \tag{4.71}$$

<u>*Demostración:*</u> Teniendo en cuenta la definición, (4.31), y la propiedad (4.35), se tiene

$$\begin{aligned} D^{\alpha/k}\left[\mathcal{E}_j^{k,\gamma,\alpha}(i\lambda z)\right] &= \lambda k^{-\alpha/k}\mathcal{E}_{j+1}^{k,\gamma,\alpha}(i\lambda z) = \\ &= \lambda k^{-\alpha/k}\sum_{n\geq 0}\frac{(\gamma)_{n+j+1,k}(i\lambda)^n z^{\alpha/k(n+1)-1}}{\Gamma_k\left[\alpha(n+1)\right](n+j+1)!}. \end{aligned} \tag{4.72}$$

Agrupando de acuerdo con las potencias de la unidad imaginaria resulta

$$\begin{aligned} D^{\alpha/k}\left[\mathcal{E}_j^{k,\gamma,\alpha}(i\lambda z)\right] &= \\ -\lambda k^{-\alpha/k}\sum_{n\geq 0}(-1)^n &\frac{(\gamma)_{2n+2+j,k}\lambda^{2n+1}z^{\alpha/k(2n+2)-1}}{\Gamma_k\left[\alpha(2n+2)\right](2n+2+j)!}+ \\ +i\ \lambda k^{-\alpha/k}\sum_{n\geq 0}(-1)^n &\frac{(\gamma)_{2n+1+j,k}\lambda^{2n}z^{\alpha/k(2n+1)-1}}{\Gamma_k\left[\alpha(2n+1)\right](2n+1+j)!}. \end{aligned} \tag{4.73}$$

Como $\mathcal{E}_j^{k,\gamma,\alpha}(i\lambda z) =_j \cos_{k,\gamma,\alpha}(\lambda z) + i_j \sin_{k,\gamma,\alpha}(\lambda z)$, resulta el Lema. □

4.6. La Transformada de Laplace de la función k-α-Exponencial

Recordemos que la transformada de Laplace de la función $t^{\frac{\alpha}{k}(n+1)-1}$, viene dada por

$$\mathcal{L}\left[t^{\frac{\alpha}{k}(n+1)-1}\right](s) = \frac{\Gamma\left[\frac{\alpha}{k}(n+1)\right]}{s^{\frac{\alpha}{k}((n+1))}} \tag{4.74}$$

(c.f. [33]).

Tomando $\lambda,\alpha,\ \gamma \in \mathbb{C}$, $\mathfrak{Re}(\alpha) > 0$, $\mathfrak{Re}(\gamma) > 0$, $\mathfrak{Re}(z) > 0$, $k > 0$ $|\lambda z| < 1$ y $\left|\lambda s^{-\alpha/k}\right| < 1$; el desarrollo en serie de la función k-α-Exponencial nos permite calcular

$$\begin{aligned}\mathcal{L}\left[{}_k e^{\lambda t}_{\gamma,\alpha}\right](s) &= \mathcal{L}\left[\sum_{n=0}^{\infty} \frac{(\gamma)_{n,k}\ \lambda^n t^{\frac{\alpha}{k}(n+1)-1}}{\Gamma_k\left[(n+1)\alpha\right] n!}\right] \\ &= \sum_{n=0}^{\infty} \frac{(\gamma)_{n,k}\ \lambda^n \mathcal{L}\left[t^{\frac{\alpha}{k}(n+1)-1}\right]}{\Gamma_k\left[(n+1)\alpha\right] n!}, \end{aligned} \tag{4.75}$$

y teniendo en cuenta (4.74), resulta que

$$\begin{aligned}\mathcal{L}\left[{}_k e^{\lambda t}_{\gamma,\alpha}\right](s) &= \sum_{n=0}^{\infty} \frac{(\gamma)_{n,k}\ \lambda^n \Gamma\left[\frac{\alpha}{k}(n+1)\right]}{n!\Gamma_k\left[(n+1)\alpha\right] s^{\frac{\alpha}{k}(n+1)}} \\ &= \sum_{n=0}^{\infty} \frac{(\gamma)_{n,k}\ k^{1-\frac{\alpha}{k}n-\frac{\alpha}{k}} a^n}{n! s^{\frac{\alpha}{k}n} s^{\frac{\alpha}{k}}} \\ &= \frac{k^{1-\frac{\alpha}{k}}}{s^{\frac{\alpha}{k}}} \sum_{n=0}^{\infty} \frac{(\gamma)_{n,k}}{n!}\left(\frac{\lambda}{(ks)^{\frac{\alpha}{k}}}\right)^n. \end{aligned} \tag{4.76}$$

Teniendo en cuenta la notación en [43] la fórmula (4.76) se puede escribir

$$\mathcal{L}\left[{}_k e^{\lambda t}_{\gamma,\alpha}\right](s) = \frac{k^{1-\frac{\alpha}{k}}}{s^{\frac{\alpha}{k}}}\left(1 - \frac{\lambda}{(ks)^{\frac{\alpha}{k}}}\right)^{-\frac{\gamma}{k}}. \tag{4.77}$$

Si en (4.77) se considera $k = \gamma = 1$ se tiene

$$\mathcal{L}\left[e^{\lambda t}_{\alpha}\right](s) = \frac{1}{s^{\alpha}} \sum_{n=0}^{\infty}\left(\frac{\lambda}{s^{\alpha}}\right)^n = \frac{1}{s^{\alpha} - \lambda} \tag{4.78}$$

(c.f. [26]).

4.6.1. Transformada de Laplace de las Funciones Trigonométricas

Para obtener la Transformada de Laplace de ${}_k\cos_{\alpha}(\lambda t)$ y ${}_k\sin_{\alpha}(\lambda t)$ teniendo en cuenta (4.60) y (4.61) se tiene

$$\mathcal{L}\left[{}_k \cos_{\alpha}(\lambda t)\right] = \frac{1}{2}\left\{\mathcal{L}\left[{}_k e^{i\lambda t}_{\gamma,\alpha}\right] + \mathcal{L}\left[{}_k e^{-i\lambda t}_{\gamma,\alpha}\right]\right\} \tag{4.79}$$

y de (4.77) resulta

$$\mathcal{L}\left[{}_k\cos_\alpha(\lambda t)\right](s) = \frac{k^{1-\frac{\alpha}{k}}}{2s^\alpha}\left\{\left(1-\frac{i\lambda}{(ks)^{\frac{\alpha}{k}}}\right)^{-\frac{\gamma}{k}} + \left(1+\frac{i\lambda}{(ks)^{\frac{\alpha}{k}}}\right)^{-\frac{\gamma}{k}}\right\}. \tag{4.80}$$

Tomando $k=\alpha=\gamma=1$, (4.80) coincide con la expresión clásica

$$\mathcal{L}\left[\cos(\lambda t)\right](s) = \frac{s}{s^2+\lambda^2}. \tag{4.81}$$

Además

$$\mathcal{L}\left[{}_k\sin_\alpha(\lambda t)\right](s) = \frac{k^{1-\frac{\alpha}{k}}}{2is^\alpha}\left\{\left(1-\frac{i\lambda}{(ks)^{\frac{\alpha}{k}}}\right)^{-\frac{\gamma}{k}} - \left(1+\frac{i\lambda}{(ks)^{\frac{\alpha}{k}}}\right)^{-\frac{\gamma}{k}}\right\}. \tag{4.82}$$

Tomando $k=\alpha=\gamma=1$, (4.82) coincide con la expresión clásica

$$\mathcal{L}\left[\sin(\lambda t)\right](s) = \frac{\lambda}{s^2+\lambda^2}. \tag{4.83}$$

Capítulo 5

Funciones de Bessel

5.0.2. Funciones k-Bessel

Basado en la conocida relación (cf. [34])

$$J_\nu(z) = \left(\frac{z}{2}\right)^\nu W_{1,\nu+1}\left(-\frac{z^2}{4}\right) \tag{5.1}$$

donde $W_{\lambda,\nu}(z)$ es la función de Wright y $J_\nu(z)$ es la función de Bessel de primera especie de orden ν (cf. [26]) dada por la serie

$$J_\nu(z) = \sum_{n=0}^{\infty} \frac{(-1)^n (z/2)^{\nu+2n}}{\Gamma(n+1)\Gamma(n+\nu+1)}. \tag{5.2}$$

Se define la función k-Bessel de primera especie $J_{k,\nu}^{(\gamma)(\lambda)}(z)$ como

$$J_{k,\nu}^{\gamma,\lambda}(z) = \sum_{n=0}^{\infty} \frac{(\gamma)_{n,k}}{\Gamma_k(\lambda n+\nu+1)} \frac{(-1)^n (z/2)^n}{(n!)^2} \tag{5.3}$$

donde $(\gamma)_{n,k}$ es el k-símbolo de Pochhammer y $\Gamma_k(z)$ es la función k-Gamma (cf. [45]).

Teniendo en cuenta la definición de la función k-Wright definida en [45], y (5.3) puede escribirse

$$J_{k,\nu}^{\gamma,\lambda}(z) = \left(\frac{z}{2}\right)^\nu W_{k,\lambda,\nu+1}^{\gamma}\left(-\frac{z^2}{4}\right). \tag{5.4}$$

A continuación damos las siguientes definiciones.

Definición 26 *La función k-Bessel modificada de orden ν (o $-\nu$ respectivamente) como*

$$I_{k,\nu}^{\gamma,\lambda}(z)=\sum_{n=0}^{\infty}\frac{(\gamma)_{n,k}}{\Gamma_k(\lambda n+\nu+k)}\frac{(z/2)^{\nu+2n}}{(n!)^2} \tag{5.5}$$

o

$$I_{k,-\nu}^{\gamma,\lambda}(z)=\sum_{n=0}^{\infty}\frac{(\gamma)_{n,k}}{\Gamma_k(\lambda n-\nu+k)}\frac{(z/2)^{2n-\nu}}{(n!)^2}. \tag{5.6}$$

En términos de la función k-Wrigth se tiene

$$I_{k,\nu}^{\gamma,\lambda}(z)=\left(\frac{z}{2}\right)^{\nu}W_{k,\lambda,\nu+k}^{\gamma}\left(\frac{z^2}{4}\right). \tag{5.7}$$

También se tiene la siguiente

Definición 27 *La función k-Bessel modificada de tercera especie $K_{k,\nu}^{\gamma,\lambda}(z)$ es*

$$K_{k,\nu}^{\gamma,\lambda}(z)=\frac{\pi\left[I_{k,-\nu}^{\gamma,\lambda}(z)-I_{k,\nu}^{\gamma,\lambda}(z)\right]}{2\sin(\nu\pi)}. \tag{5.8}$$

5.1. Propiedades elementales de las funciones k-Bessel

Mostraremos algunas propiedades elementales.

Lema 16 *Sea ν un número complejo, $\mathfrak{Re}(\nu)>0$ y sean k, γ, z números reales no negativos. Para $\lambda=1$ se cumple*

$$\frac{d}{dz}\left(z^{\nu/2}I_{k,\nu}^{\gamma,1}(\sqrt{z})\right)=2^{-k}z^{\frac{\nu-k}{2}}z^{k-1}I_{k,\nu-k}^{\gamma,1}(\sqrt{z}) \tag{5.9}$$

Demostración: De la definición, (5.5), se tiene

$$\begin{aligned}z^{\nu/2}I_{k,\nu}^{\gamma,1}(\sqrt{z})&=z^{\nu/2}\sum_{n=0}^{\infty}\frac{(\gamma)_{n,k}(\sqrt{z}/2)^{\nu+2n}}{\Gamma_k(n+\nu+k)(n!)^2}\\&=\frac{1}{2^{\nu}}\sum_{n=0}^{\infty}\frac{(\gamma)_{n,k}}{(n!)^2 4^n}\frac{z^{\nu+n}}{\Gamma_k(n+\nu+k)}.\end{aligned} \tag{5.10}$$

Entonces

$$\begin{aligned}
\frac{d}{dz}\left(z^{\nu/2} I^{\gamma,1}_{k,\nu}(\sqrt{z})\right) &= \frac{1}{2^{\nu}} \sum_{n=0}^{\infty} \frac{(\gamma)_{n,k}}{(n!)^2 4^n} \frac{(\nu+n) z^{\nu+n-1}}{\Gamma_k(n+\nu+k)} \\
&= 2^{-k} z^{\frac{\nu-1}{2}} \sum_{n=0}^{\infty} \frac{(\gamma)_{n,k} (\sqrt{z}/2)^{\nu-1+2n}}{(n!)^2 \Gamma_k(\nu+n)} \\
&= 2^{-k} z^{\frac{\nu-k}{2}} z^{k-1} \sum_{n=0}^{\infty} \frac{(\gamma)_{n,k} (\sqrt{z}/2)^{(\nu-k)+2n}}{(n!)^2 \Gamma_k(\nu+n)} \\
&= 2^{-k} z^{\frac{\nu-k}{2}} z^{k-1} I^{\gamma,1}_{k,\nu-k}(\sqrt{z}). \qquad (5.11)
\end{aligned}$$

□

Lema 17 *Sea $I^{\gamma,1}_{k,-\nu}(z)$ la función k-Bessel modificada de primera especie y orden $-\nu$, y sea z un número real no negativo. Entonces vale*

$$\frac{d}{dz}\left(z^{\nu/2} I^{\gamma,1}_{k,-\nu}(\sqrt{z})\right) = 2^{-k} z^{\frac{\nu-k}{2}} z^{k-1} I^{\gamma,1}_{k,-\nu-k}(\sqrt{z}). \qquad (5.12)$$

Por ser la demostración completamente análoga a la del Lema anterior será omitida.

Lema 18 *Sea ν un número complejo tal que, $\mathfrak{Re}(\nu) > 0$ y sean k, γ, z números reales no negativos, y $\lambda = 1$. Entonces:*

$$\frac{d}{dz}\left[z^{z/2} K^{\gamma,1}_{k,\nu}(\sqrt{z})\right] = 2^{-k} z^{\frac{\nu-k}{2}} z^{k-1} K^{\gamma,1}_{k,\nu-k}(\sqrt{z}). \qquad (5.13)$$

<u>*Demostración:*</u> (5.8), (5.9) y (5.10) se tiene

$$z^{\nu/2} K^{\gamma,1}_{k,\nu}(\sqrt{z}) = z^{\nu/2}\left[I^{\gamma,1}_{k,-\nu}(\sqrt{z}) - I^{\gamma,1}_{k,\nu}(\sqrt{z})\right] \frac{\pi}{2\sin(\nu\pi)}. \qquad (5.14)$$

Entonces

$$\frac{d}{dz}\left[z^{\nu/2}K_{k,\nu}^{\gamma,1}(\sqrt{z})\right] =$$

$$= \frac{2^{-k}z^{\frac{\nu-k}{2}}z^{k-1}\pi}{2\sin(\nu\pi)}\left[I_{k,-\nu-1}^{\gamma,1}(\sqrt{z}) - I_{k,\nu+1}^{\gamma,1}(\sqrt{z})\right]$$

$$= \frac{2^{-k}z^{\frac{\nu-k}{2}}z^{k-1}2\sin(\nu+1)\pi}{2\sin(\nu\pi)}\left[\frac{I_{k,-\nu-1}^{\gamma,1}(\sqrt{z}) - I_{k,\nu+1}^{\gamma,1}(\sqrt{z})}{2\sin(\nu+1)\pi}\right]$$

$$= -2^{-k}z^{\frac{\nu-k}{2}}z^{k-1}K_{k,\nu+1}^{\gamma,1}(\sqrt{z}). \quad (5.15)$$

□

En lo siguiente usaremos la k-integral fraccionaria de Riemann-Liouville (cf. [37]) que está dada por:

$$I_k^{\alpha}(f)(x) = \frac{1}{k\Gamma_k(\alpha)}\int_0^x (x-t)^{\frac{\alpha}{k}-1}f(t)dt. \quad (5.16)$$

Puede observarse que, cuando $k \to 1$, (5.16) se reduce a la clásica integral fraccionaria de Riemann-Liouville.

Teniendo en cuenta que (cf. [37])

$$I_k^{\alpha}\left(\frac{x^{\frac{\beta}{k}-1}}{\Gamma_k(\beta)}\right) = \frac{x^{\frac{\alpha}{k}+\frac{\beta}{k}+1}}{\Gamma_k(\alpha+\beta)}, \quad (5.17)$$

se tiene el siguiente

Lema 19 *Sea ν un número complejo tal que, $\mathfrak{Re}(\nu) > 0$ y sean k, γ, z números reales no negativos, y $\lambda = 1$. Entonces:*

$$I_k^{\alpha}\left(z^{\nu/2}I_{k,\nu}^{\gamma,1}(2\sqrt{z})\right) =$$

$$= z^{\frac{\alpha}{k}+\nu}\,{}_{k,1}\Psi_2\left[\begin{matrix}(k(\nu+1),k)\\ (\alpha+k(\nu+1),k),((\nu+k),1)\end{matrix}\;\Big|\; z\right]. \quad (5.18)$$

<u>*Demostración:*</u> Por la convergencia uniforme sobre conjuntos compactos de la serie $I_{k,\nu}^{\gamma,1}(z)$, de (5.10) y (5.17) se tiene

$$I_k^{\alpha}\left(z^{\nu/2}I_{k,\nu}^{\gamma,1}(2\sqrt{z})\right) =$$

$$= \sum_{n=0}^{\infty}\frac{(\gamma)_{n,k}}{(n!)^2}\frac{\Gamma_k(k(\nu+1)+kn)}{\Gamma_k(k(\nu+1)+\alpha+kn)}\frac{z^{\frac{\alpha}{k}+\nu+n}}{\Gamma_k(n+\nu+k)} =$$

$$= z^{\frac{\alpha}{k}+\nu}\,{}_{k,1}\Psi_2\left[\begin{matrix}(k(\nu+1),k)\\ (\alpha+k(\nu+1),k),((\nu+k),1)\end{matrix}\;\Big|\; z\right] \quad (5.19)$$

donde ${}_{k,1}\Psi_2$ denota la función k-Fox-Wright. □

Capítulo 6

Función de Miller-Ross

Como es bien conocido, la función de Miller-Ross $E_t(\nu, a)$ se define como la ν-ésima integral de la función exponencial(cf. [36]), es decir

$$\mathbb{E}_t(\nu, \lambda) = I^\nu e^{\lambda t} = t^\nu \sum_{n=0}^{\infty} \frac{(\lambda t)^n}{\Gamma(n+\nu+1)}, \tag{6.1}$$

donde ν y λ son números reales, $\nu > 0$, y I^ν es la integral fraccionaria de Riemann-Liouville de orden ν dada por (1.87)

Recordemos nuevamente la definición de la función de Mittag-Leffler de dos parámetros dada por

$$E_{\alpha,\beta}(t) = \sum_{n=0}^{\infty} \frac{t^n}{\Gamma(\alpha n + \beta)}, \quad \alpha > 0,\ \beta > 0. \tag{6.2}$$

Si $\beta = 1$, de (6.2) se obtiene la función de Mittag-Leffler de un parámetro:

$$E_{\alpha,1}(t) = \sum_{n=0}^{\infty} \frac{t^n}{\Gamma(\alpha n + 1)}, \quad \alpha > 0. \tag{6.3}$$

De (6.1) y (6.2), la función de Miller-Ross puede escribirse como

$$\mathbb{E}_t(\nu, \lambda) = t^\nu E_{1,1+\nu}(\lambda t), \tag{6.4}$$

donde en el segundo miembro $E_{1,1+\nu}(\lambda t)$ es la función de Mittag-leffler de dos parámetros cuando $\alpha = 1$, y $\beta = \nu + 1$.

6.1. Función generalizada k-α-Miller-Ross y algunas de sus propiedades.

Basados en la expresión (6.4), que nos permite expresar la función de Miller-Ross como una función de tipo Mittag-Leffler, y usando (4.31), que contiene como caso particular la función de Mittag-Leffler, tenemos la siguiente

Definición 28 *Dados α y ν números complejos tales que $\mathfrak{Re}(\alpha) > 0$, $\mathfrak{Re}(\nu) > 0$, y $k > 0$. La función k-α-Miller-Ross viene dada por*

$$ {}_{k,j}\mathbb{E}_t^{\alpha,\gamma}(\nu,\lambda) = t^{\frac{\nu}{k}} k^{\frac{\nu}{k}} \sum_{n=0}^{\infty} \frac{(\gamma)_{n+j,k}\left(\lambda t^{\frac{\alpha}{k}}\right)^n t^{\frac{\alpha}{k}-1}}{\Gamma_k\left[\alpha n + (\alpha+\nu)\right](n+j)!}. \tag{6.5}$$

Fácilmente puede verse que cuando $\alpha = 1$, $k = 1$, $\gamma = 1$, (6.5) coincide con (6.1).

Además (6.5) puede expresarse como $\frac{\nu}{k}$−integral de la función ${}_k\mathcal{E}_j^{k,\alpha,\alpha}$. En efecto,

$$\begin{aligned}
I^{\frac{\nu}{k}}\left[{}_k\mathcal{E}_j^{k,\alpha,\alpha}\right](t) &= I^{\frac{\nu}{k}}\left[\sum_{n=0}^{\infty}\frac{(\gamma)_{n+j,k}\lambda^n t^{\frac{\alpha}{k}(n+1)-1}}{\Gamma_k\left[\alpha(n+1)\right](n+j)!}\right](t) \\
&= \sum_{n=0}^{\infty}\frac{(\gamma)_{n+j,k}\lambda^n\Gamma\left(\frac{\alpha(n+1)}{k}\right)t^{\frac{\alpha}{k}(n+1)+\frac{\nu}{k}-1}}{\Gamma_k\left[\alpha(n+1)\right]\Gamma\left(\frac{\alpha(n+1)}{k}+\frac{\gamma}{k}\right)(n+j)!} \\
&= \sum_{n=0}^{\infty}\frac{(\gamma)_{n+j,k}\lambda^n k^{1-\frac{\alpha(n+1)}{k}}\Gamma_k\left(\alpha(n+1)\right)t^{\frac{\alpha}{k}(n+1)+\frac{\nu}{k}-1}}{\Gamma_k\left[\alpha(n+1)\right]\Gamma\left(\frac{\alpha(n+1)}{k}+\frac{\gamma}{k}\right)(n+j)!} \\
&= \sum_{n=0}^{\infty}\frac{(\gamma)_{n+j,k}\lambda^n k^{1-\frac{\alpha(n+1)}{k}}t^{\frac{\alpha}{k}(n+1)+\frac{\nu}{k}-1}}{k^{1-\frac{\alpha(n+1)+\nu}{k}}\Gamma_k\left[\alpha(n+1)+\nu\right](n+j)!} \\
&= k^{\frac{\nu}{k}}\sum_{n=0}^{\infty}\frac{(\gamma)_{n+j,k}\lambda^n t^{\frac{\alpha}{k}n+\left(\frac{\alpha+\nu}{k}-1\right)}}{\Gamma_k\left[\alpha(n+1)+\nu\right](n+j)!} \\
&= k^{\frac{\nu}{k}}t^{\frac{\alpha+\nu}{k}-1}\sum_{n=0}^{\infty}\frac{(\gamma)_{n+j,k}\left(\lambda t^{\frac{\alpha}{k}}\right)^n}{\Gamma_k\left[\alpha n+(\alpha+\nu)\right](n+j)!} \\
&= {}_{k,j}\mathbb{E}^{\alpha,\gamma}(\nu,\lambda).
\end{aligned} \tag{6.6}$$

6.1.1. Casos especiales de la función ${}_{k,j}\mathbb{E}_t^{\alpha,\gamma}(\nu,\lambda)$.

En este parágrafo mostramos que la función dada por (6.5) satisface propiedades análogas a la que verifica la clásica función de Miller-Ross.

Para una elección particular de los valores de los parámetros, se tienen los siguientes casos particulares:

1. Para $j = 0$, Se tiene
$$ {}_{k,0}\mathbb{E}_t^{\alpha,\gamma}(\nu,\lambda) = k^{\frac{\nu}{k}} t^{\frac{\alpha+\nu}{k}-1} {}_kE^{\gamma}_{\alpha,\alpha+\nu}(\lambda t^{\frac{\alpha}{k}}), \tag{6.7}$$
donde ${}_kE^{\gamma}_{\alpha,\alpha+\nu}(\lambda t^{\frac{\alpha}{k}})$ es la función k-Mittag-Leffler dada por (3.19).

2. Cuando $k = \alpha = 1$ y $j = 0$ obtenemos
$$ {}_{1,0}\mathbb{E}_t^{1,\gamma}(\nu,\lambda) = E_t(\nu,\lambda) = t^{\nu} E_{1,\nu+1}(\lambda t) \tag{6.8}$$
que es la fórmula (E.36) de [36].

3. Si $\nu = j = 0$
$$\begin{aligned} {}_{k,0}\mathbb{E}^{\alpha,\gamma}(0,\lambda) &= t^{\frac{\alpha}{k}-1} {}_kE^{0,\gamma}_{\alpha,\alpha}(\lambda t^{\frac{\alpha}{k}}) \\ &= t^{\frac{\alpha}{k}-1} {}_kE^{\gamma}_{\alpha,\alpha}(\lambda t^{\frac{\alpha}{k}}) \\ &= {}_ke^{\lambda t}_{\gamma,\alpha} \end{aligned} \tag{6.9}$$
que coincide con la función k-α-Exponencial dada por (4.8).

4. Cuando $t = 0$,
$$ {}_{k,j}\mathbb{E}_0^{\alpha,\gamma}(\nu,\lambda) = 0 \tag{6.10}$$

5. Cuando $\lambda = 0$,
$$ {}_{k,j}\mathbb{E}_t^{\alpha,\gamma}(\nu,0) = \frac{k^{\frac{\nu}{k}} t^{\frac{\alpha+\nu}{k}-1}}{\Gamma_k(\alpha+\nu)j!} \tag{6.11}$$

6. Para $k = \alpha = \gamma = 1$; $j = \lambda = 0$
$$ {}_{1,0}\mathbb{E}_t^{1,1}(\nu,0) = \frac{t^{\nu}}{\Gamma(\nu+1)} \tag{6.12}$$
que coincide con (E.41) de [36] y la fórmula de la página 70 de [10].

7. Para $\nu = -\alpha$, obtenemos

$$_{k,j}\mathbb{E}_t^{\alpha,\gamma}(-\alpha,\lambda) = \lambda k^{-\frac{\alpha}{k}}\,{}_{k,j}\mathbb{E}_t^{\alpha,\gamma}(0,\lambda) \tag{6.13}$$

En efecto,

$$\begin{aligned}
&{}_{k,j}\mathbb{E}_t^{\alpha,\gamma}(-\alpha,\lambda) = \\
&= k^{-\frac{\alpha}{k}} t^{\frac{\alpha-\alpha}{k}-1} \sum_{n=0}^{\infty} \frac{(\gamma)_{n+j,k}(\lambda t^{\frac{\alpha}{k}})^n}{\Gamma_k(\alpha n)(n+j)!} \\
&= k^{-\frac{\alpha}{k}} \sum_{n=0}^{\infty} \frac{(\gamma)_{n+j,k}\lambda^n t^{\frac{\alpha}{k}n-1}}{\Gamma_k(\alpha n)(n+j)!} \\
&= k^{-\frac{\alpha}{k}} \sum_{m=-1}^{\infty} \frac{(\gamma)_{m+1+j,k}\lambda^{m+1} t^{\frac{\alpha}{k}(m+1)-1}}{\Gamma_k(\alpha(m+1))(m+1+j)!} \\
&= k^{-\frac{\alpha}{k}} \sum_{m=-1}^{\infty} \frac{(\gamma)_{m+(j+1),k}\lambda^{m+1} t^{\frac{\alpha}{k}m} t^{\frac{\alpha}{k}-1}}{\Gamma_k(\alpha m+\alpha)\,[m+(j+1)]!} \\
&= k^{-\frac{\alpha}{k}} t^{\frac{\alpha}{k}-1}\lambda \sum_{m=-1}^{\infty} \frac{(\gamma)_{m+(j+1),k}(\lambda t^{\frac{\alpha}{k}})^m}{\Gamma_k(\alpha m+\alpha)\,[m+(j+1)]!} \\
&= k^{-\frac{\alpha}{k}} t^{\frac{\alpha+0}{k}-1}\lambda \sum_{m=-1}^{\infty} \frac{(\gamma)_{m+(j+1),k}(\lambda t^{\frac{\alpha}{k}})^m}{\Gamma_k(\alpha m+(\alpha+0))\,[m+(j+1)]!} \\
&= \lambda k^{-\frac{\alpha}{k}}\,{}_{k,j}\mathbb{E}_t^{\alpha,\gamma}(0,\lambda).
\end{aligned} \tag{6.14}$$

Observación 5 *Cuando $\alpha = \gamma = k = 1$; y $j = 0$ (6.13) se reduce a*

$$_{1,0}\mathbb{E}_t^{1,1}(-1,\lambda) = \lambda_{1,0}\mathbb{E}_t^{1,1}(0,\lambda), \tag{6.15}$$

es decir

$$\mathbb{E}_t(-1,\lambda) = \lambda E_t(0,\lambda), \tag{6.16}$$

(cf. [2], 3.3, pp.49 ; (E.39) de [36], y en pág.69 de [10]).

8. Si $\nu = -p\,\alpha$, se tiene

$$_{k,j}\mathbb{E}_t^{\alpha,\gamma}(-p\alpha,\lambda) = \lambda^p k^{-\frac{p\alpha}{k}}\,{}_{k,j}\mathbb{E}_t^{\alpha,\gamma}(0,\lambda), \quad p = 0,1,2,... \tag{6.17}$$

Demostración:

$$_{k,j}\mathbb{E}_t^{\alpha,\gamma}(-p\alpha,\lambda) =$$

$$
\begin{aligned}
&= k^{-\frac{p\alpha}{k}} t^{\frac{\alpha-p\alpha}{k}-1} \sum_{n=0}^{\infty} \frac{(\gamma)_{n+j,k}\left(\lambda t^{\frac{\alpha}{k}}\right)^{n}}{\Gamma(\alpha n+\alpha-p\alpha)(n+j)!} \\
&= k^{-\frac{p\alpha}{k}} \sum_{n=0}^{\infty} \frac{(\gamma)_{n+j,k}\lambda^{n} t^{\frac{\alpha}{k}(n+1-p)-1}}{\Gamma(\alpha(n+1-p))(n+j)!} \\
&= k^{-\frac{p\alpha}{k}} \sum_{m=-p}^{\infty} \frac{(\gamma)_{m+p+j,k}\lambda^{m+p} t^{\frac{\alpha}{k}(m+1)-1}}{\Gamma(\alpha(m+1))(m+p+j)!} \\
&= k^{-\frac{p\alpha}{k}} \lambda^{p} t^{\frac{\alpha}{k}-1} \sum_{m=0}^{\infty} \frac{(\gamma)_{m+p+j,k}\left(\lambda t^{\frac{\alpha}{k}}\right)^{m}}{\Gamma(\alpha m+\alpha)(m+p+j)!} \\
&= \lambda^{p} k^{-\frac{p\alpha}{k}} {}_{k,j}\mathbb{E}_{t}^{\alpha,\gamma}(0,\lambda). \qquad (6.18)
\end{aligned}
$$

□

Observación 6 *Cuando $\alpha = \gamma = k = 1$, y $j = 0$, (6.18) se reduce a*

$$\mathbb{E}_t(-p,\lambda) = \lambda^p E_t(0,\lambda), \qquad (6.19)$$

(cf. [2], 3.4, pp. 49 y en la pág. 70 de [10]).

6.1.2. Diferenciación de la Función k-α-Miller-Ross

En este punto, mostramos algunos resultados sobre diferenciación de la función generalizada k-α-Miller-Ross que generalizan algunos resultados conocidos, por ejemplo los dados en [10] y en [47].

Lema 20 *Sean α, ν números complejos tales que $\mathfrak{Re}(\alpha) > 0$, $\mathfrak{Re}(\nu) > 0$, $k > 0$ y $\mathfrak{Re}(\nu - k) > 0$, entonces*

$$\frac{d}{dt}\left({}_{k,j}\mathbb{E}_t^{\alpha,\gamma}(\nu,\lambda)\right) = {}_{k,j}\mathbb{E}_t^{\alpha,\gamma}(\nu-k,\lambda). \qquad (6.20)$$

Demostración:

$$\frac{d}{dt}\left({}_{k,j}\mathbb{E}_t^{\alpha,\gamma}(\nu,\lambda)\right) =$$

$$
\begin{aligned}
&= k^{\frac{\nu}{k}} \sum_{n=0}^{\infty} \frac{(\gamma)_{n+j,k}\lambda^n \left(\frac{\alpha}{k}n + \frac{\alpha+\nu}{k} - 1\right) t^{\frac{\alpha}{k}n+\frac{\alpha+\nu}{k}-2}}{\Gamma_k(\alpha n + \alpha + \nu)(n+j)!} \\
&= k^{\frac{\nu}{k}} t^{\frac{\alpha+\nu-k}{k}-1} \sum_{n=0}^{\infty} \frac{(\gamma)_{n+j,k}\left(\frac{\alpha n+\alpha+\nu-k}{k}\right)\left(\lambda t^{\frac{\alpha}{k}}\right)^n}{k^{\frac{\alpha n+\alpha+\nu}{k}-1}\Gamma\left(\frac{\alpha n+\alpha+\nu-k+k}{k}\right)(n+j)!} \\
&= k^{\frac{\nu}{k}} t^{\frac{\alpha+\nu-k}{k}-1} \sum_{n=0}^{\infty} \frac{(\gamma)_{n+j,k}\left(\frac{\alpha n+\alpha+\nu-k}{k}\right)\left(\lambda t^{\frac{\alpha}{k}}\right)^n}{k^{\frac{\alpha n+\alpha+\nu}{k}-1}\left(\frac{\alpha n+\alpha+\nu-k}{k}\right)\Gamma\left(\frac{\alpha n+\alpha+\nu-k}{k}\right)(n+j)!} \\
&= k^{\frac{\nu}{k}} t^{\frac{\alpha+\nu-k}{k}-1} \sum_{n=0}^{\infty} \frac{(\gamma)_{n+j,k}\left(\lambda t^{\frac{\alpha}{k}}\right)^n}{k\Gamma_k(\alpha n+\alpha+(\nu-k))(n+j)!} \\
&= k^{\frac{\nu-k}{k}} t^{\frac{\alpha+(\nu-k)}{k}-1} \sum_{n=0}^{\infty} \frac{(\gamma)_{n+j,k}\left(\lambda t^{\frac{\alpha}{k}}\right)^n}{k\Gamma_k(\alpha n+\alpha+(\nu-k))(n+j)!} \\
&= {}_{k,j}\mathbb{E}_t^{\alpha,\gamma}(\nu-k,\lambda).
\end{aligned} \tag{6.21}
$$

□

Cuando $\alpha = \gamma = k = 1$, y $j = 0$ (6.20) se reduce a

$$\frac{d}{dt}\left({}_{1,0}\mathbb{E}_t^{1,1}(\nu,\lambda)\right) = {}_{1,0}\mathbb{E}_t^{1,1}(\nu-1,\lambda) \tag{6.22}$$

es decir,

$$\frac{d}{dt}\left(E_t(\nu,\lambda)\right) = E_t(\nu-1,\lambda) \tag{6.23}$$

que coincide con la fórmula (14), teorema 3 de Susumu Sakabibara cf [47].

Además, puede mostrarse que cuando $\nu = 1$, de (6.23) resulta

$$\frac{d}{dt}\left(E_t(1,\lambda)\right) = E_t(0,\lambda). \tag{6.24}$$

6.1.3. Derivada Fraccionaria de orden $\frac{\mu}{k}$

Lema 21 *Sean α, ν números complejos tales que $\Re(\alpha) > 0$, $\Re(\nu) > 0$, $\mu, k > 0$ y $\Re(\nu-\mu) > 0$, entonces*

$$D^{\frac{\mu}{k}}\, {}_{k,j}\mathbb{E}_t^{\alpha,\gamma}(\nu,\lambda) = {}_{k,j}\mathbb{E}_t^{\alpha,\gamma}(\nu-\mu,\lambda). \tag{6.25}$$

Demostración:

$$
\begin{aligned}
D^{\frac{\mu}{k}}{}_{k,j}\mathbb{E}_t^{\alpha,\gamma}(\nu,\lambda) &= \\
&= k^{\frac{\nu}{k}}\sum_{n=0}^{\infty}\frac{(\gamma)_{n+j,k}\lambda^n D^{\frac{\mu}{k}}\left(t^{\frac{\alpha}{k}n+\frac{\alpha+\nu}{k}-1}\right)}{\Gamma_k\left(\alpha n+(\alpha+\nu)\right)(n+j)!}\\
&= k^{\frac{\nu}{k}}\sum_{n=0}^{\infty}\frac{(\gamma)_{n+j,k}\lambda^n\Gamma\left(\frac{\alpha n+\alpha+\nu}{k}\right)t^{\frac{\alpha}{k}n+\frac{\alpha+\nu}{k}-\frac{\mu}{k}-1}}{\Gamma_k\left(\alpha n+(\alpha+\nu)\right)\Gamma\left(\frac{\alpha n+\alpha+\nu}{k}-\frac{\mu}{k}\right)(n+j)!}\\
&= k^{\frac{\nu}{k}}t^{\frac{\alpha+\nu-\mu}{k}-1}\sum_{n=0}^{\infty}\frac{(\gamma)_{n+j,k}\lambda^n t^{\frac{\alpha}{k}n}}{k^{\frac{\mu}{k}}\Gamma_k\left(\alpha n+(\alpha+\nu-\mu)\right)(n+j)!}\\
&= k^{\frac{\nu-\mu}{k}}t^{\frac{\alpha+\nu-\mu}{k}-1}\sum_{n=0}^{\infty}\frac{(\gamma)_{n+j,k}\lambda^n t^{\frac{\alpha}{k}n}}{\Gamma_k\left(\alpha n+(\alpha+\nu-\mu)\right)(n+j)!}\\
&= {}_{k,j}\mathbb{E}_t^{\alpha,\gamma}(\nu-\mu,\lambda). \qquad (6.26)
\end{aligned}
$$

□

De (6.26), si $k=\alpha=\gamma=1$, y $j=0$, tenemos

$$D^{\mu}[{}_{1,1}\mathbb{E}_t^{1,1}(\nu,\lambda)] = {}_{1,1}\mathbb{E}_t^{1,1}(\nu-\mu,\lambda), \qquad (6.27)$$

o, equivalentemente,

$$D^{\mu}E_t(\nu,\lambda) = E_t(\nu-\mu,\lambda). \qquad (6.28)$$

Corolario 4 *Si se considera $\mu=\alpha$, de (6.26) resulta*

$$D^{\frac{\alpha}{k}}[{}_{k,j}\mathbb{E}_t^{\alpha,\gamma}(0,\lambda)] = {}_{k,j}\mathbb{E}_t^{\alpha,\gamma}(-\alpha,\lambda), \qquad (6.29)$$

y de (6.13)

$${}_{k,j}\mathbb{E}_t^{\alpha,\gamma}(-\alpha,\lambda) = \lambda k^{-\frac{\alpha}{k}}{}_{k,j}\mathbb{E}_t^{\alpha,\gamma}(0,\lambda). \qquad (6.30)$$

Luego,

$$D^{\frac{\alpha}{k}}[{}_{k,j}\mathbb{E}_t^{\alpha,\gamma}(0,\lambda)] = {}_{k,j}\mathbb{E}_t^{\alpha,\gamma}(-\alpha,\lambda) = \lambda k^{-\frac{\alpha}{k}}{}_{k,j}\mathbb{E}_t^{\alpha,\gamma}(0,\lambda). \qquad (6.31)$$

Si en (6.31) consideramos $k=\alpha=\gamma=1$, $j=0$ tenemos que

$$DE_t(0,\lambda) = E_t(-1,\lambda) = \lambda E_t(0,\lambda). \qquad (6.32)$$

6.1.4. Integración de la función k-α-Miller-Ross.

Lema 22 *Sean α, ν números complejos tales que $\mathfrak{Re}(\alpha) > 0$, $\mathfrak{Re}(\nu) > 0$, $\mu, k > 0$, entonces*

$$\int_0^t {}_{k,j}\mathbb{E}_u^{\alpha,\gamma}(\nu,\lambda)du = {}_{k,j}\mathbb{E}_t^{\alpha,\gamma}(\nu+k,\lambda). \qquad (6.33)$$

Demostración: Teniendo en cuenta que

$$\int_0^t u^{\frac{\alpha}{k}n+\frac{\alpha+\nu}{k}-1}du = \frac{t^{\frac{\alpha}{k}n+\frac{\alpha+\nu}{k}}}{\frac{\alpha}{k}n+\frac{\alpha+\nu}{k}} \qquad (6.34)$$

se tiene

$$\int_0^t {}_{k,j}\mathbb{E}_u^{\alpha,\gamma}(\nu,\lambda)du =$$
$$= k^{\frac{\nu}{k}}t^{(\frac{\alpha+\nu}{k}+1)-1}\sum_{n=0}^{\infty}\frac{(\gamma)_{n+j,k}\lambda^n t^{\frac{\alpha}{k}n}}{\Gamma_k(\alpha n+(\alpha+\nu))\left(\frac{\alpha n+\alpha+\nu}{k}\right)(n+j)!}. \qquad (6.35)$$

Pero

$$\Gamma_k(\alpha n+(\alpha+\nu)) = k^{\frac{\alpha n+\alpha+\nu}{k}-1}\Gamma\left(\frac{\alpha n+(\alpha+\nu)}{k}\right); \qquad (6.36)$$

entonces

$$\begin{aligned}\Gamma_k(\alpha n+(\alpha+\nu))\left(\frac{\alpha n+\alpha+\nu}{k}\right) &=\\ &= k^{\frac{\alpha n+\alpha+\nu}{k}-1}\Gamma\left(\frac{\alpha n+(\alpha+\nu)}{k}\right)\left(\frac{\alpha n+\alpha+\nu}{k}\right)\\ &= k^{\frac{\alpha n+\alpha+\nu}{k}-1}\Gamma\left(\frac{\alpha n+(\alpha+\nu)}{k}+1\right)\\ &= k^{\frac{\alpha n+\alpha+\nu}{k}-1}k^{1-\frac{\alpha n+\alpha+\nu+k}{k}}\Gamma_k(\alpha n+(\alpha+\nu+k))\\ &= k^{-1}\Gamma_k(\alpha n+(\alpha+\nu+k)). \qquad (6.37)\end{aligned}$$

Luego

$$\begin{aligned}\int_0^t {}_{k,j}\mathbb{E}_u^{\alpha,\gamma}(\nu,\lambda)du &= k^{\frac{\nu+k}{k}} t^{\frac{\alpha+\nu+k}{k}-1} \sum_{n=0}^{\infty} \frac{(\gamma)_{n+j,k}\left(\lambda t^{\frac{\alpha}{k}}\right)^n}{\Gamma_k(\alpha n+\alpha+\nu+k)(n+j)!} \\ &= {}_{k,j}\mathbb{E}_t^{\alpha,\gamma}(\nu+k,\lambda). \end{aligned} \quad (6.38)$$

□

Es importante mencionar aquí que cuando $k = j = \alpha = \gamma = 1$, (6.38) coincide con lo expresado en la página 69 de [10].

Lema 23 *Sean α, ν números complejos tales que $\mathfrak{Re}(\alpha) > 0$, $\mathfrak{Re}(\nu) > 0$, μ,$k > 0$, entonces*

$$\int_0^t u^w {}_{k,j}\mathbb{E}_{t-u}^{\alpha,\gamma}(\nu,\lambda)du = \Gamma_k(kw+k)_{k,j}\mathbb{E}_t^{\alpha,\gamma}(\gamma+kw+k,\lambda). \quad (6.39)$$

Demostración: Consideremos la siguiente integral

$$\int_0^t u^w (t-u)^{\frac{\alpha+\nu}{k}-1+\frac{\alpha}{k}n}du = \underbrace{\int_0^t u^{(w+1)-1}(t-u)^{\frac{\alpha+\nu+\alpha n}{k}-1}du}_{*} \quad (6.40)$$

Si renombramos a x e y por medio de $w+1 = x$, y $\frac{\alpha+\nu+\alpha n}{k} = y$, resulta

$$* = \underbrace{\int_0^t u^{x-1}(t-u)^{y-1}du}_{**} \quad (6.41)$$

haciendo ahora el cambio de variable: $\frac{u}{t} - T$, $du = tdT$

$$\begin{aligned} ** &= \int_0^t (tT)^{x-1} t^{y-1}(1-T)^{y-1}tdt \\ &= t^{x+y-1}\int_0^1 T^{x-1}(1-T)^{y-1}dT \\ &= t^{x+y-1}B(x,y) \\ &= t^{x+y-1}\frac{\Gamma(x)\Gamma(y)}{\Gamma(x+y)} \\ &= t^{w+1+\frac{\alpha+\nu+\alpha n}{k}}\frac{\Gamma(w+1)\Gamma\left(\frac{\alpha+\gamma+\alpha n}{k}\right)}{\Gamma(w+1+\frac{\alpha+\nu+\alpha n}{k})} \\ &= \frac{k^{w+1}\Gamma(w+1)\Gamma_k(\alpha n+\alpha\nu)}{\Gamma_k(\alpha n+\alpha+\nu+kw+k)}. \end{aligned} \quad (6.42)$$

Resulta

$$\int_0^t u^w{}_{k,j}\mathbb{E}_{t-u}^{\alpha,\gamma}(\nu,\lambda)du =$$

$$\begin{aligned} &= k^{\frac{\nu}{k}+w+1}\Gamma(w+1)t^{\frac{\alpha+\nu}{k}+\frac{w+k}{k}-1}k^{-w}\times \\ &\times\sum_{n=0}^{\infty}\frac{(\gamma)_{n+j,k}\left(\lambda t^{\frac{\alpha}{k}}\right)^n}{\Gamma_k\left(\alpha n+\alpha+\nu+kw+k\right)(n+j)!} = \\ &= \Gamma_k(kw+k)k^{\frac{\nu+k}{k}}t^{\frac{\alpha+nu+w+k}{k}-1}\times \\ &\times\sum_{n=0}^{\infty}\frac{(\gamma)_{n+j,k}\left(\lambda t^{\frac{\alpha}{k}}\right)^n}{\Gamma_k\left(\alpha n+\alpha+\nu+kw+k\right)(n+j)!} = \\ &= \Gamma_k(kw+k)_{k,j}\mathbb{E}_t^{\alpha,\gamma}(\gamma+kw+k,\lambda). \end{aligned} \tag{6.43}$$

□

En el caso particular de que $k=1$, notemos que

$$\int_0^t u^w E_{t-u}(\nu,\lambda)du = \Gamma(w+1)E_t(\nu+w+1,\lambda) \tag{6.44}$$

que coincide con la fórmula de la página 69 de [10].

Capítulo 7

Funciones k-η-Hiperbólicas

7.0.5. Definición y casos particulares

En el paper titulado *Higher order α-Hyperbolic functions* [54], A. Ungar introdujo la función α-Hiperbólica por medio de la expresión

$$F^{\alpha}_{n,r}(z) = \sum_{k=0}^{\infty} \frac{\alpha^k}{(nk+r)!} z^{nk+r} \tag{7.1}$$

para cualquier par de números enteros (n, r), tales que $n \geq 2$; $0 \leq r < n$, y cualquier constante compleja α.

Usando la función k-Gamma y el k-símbolo de Pochhammer definimos la función k-η-Hyperbólica del modo siguiente

$${}_kF^{\gamma,\eta}_{\alpha,\beta+k}(z) = \sum_{n=0}^{\infty} \frac{(\gamma)_{n,k}\, \eta^n}{\Gamma_k(\alpha n + \beta + k) n!} z^{\frac{\alpha}{k}n + \frac{\beta}{k}} \tag{7.2}$$

para α, γ, k números reales positivos y $\beta \geq 0$, $\eta \in \mathbb{C}$.

Puede verse fácilmente que para $\gamma = k = 1$, y, α y β números enteros, $\alpha \geq 2$, $0 \leq \beta < \alpha$, tenemos (7.1).

Además, podemos enumerar los siguientes casos particulares:

1. Si $\eta = 0$

$${}_kF^{\gamma,0}_{\alpha,\beta+k}(z) = \frac{z^{\frac{\beta}{k}}}{\Gamma_k(\beta + k)}. \tag{7.3}$$

2. Si $\eta = 0$, $k = 1$ y $\beta \in \mathbb{N}$

$${}_1F^{\gamma,0}_{\alpha,\beta+k}(z) = \frac{z^{\beta}}{\beta!}, \tag{7.4}$$

que coincide con las propiedades de la función 0-Hiperbólica dada en la fórmula (2) of [54].

3. Si $\eta = 1$,

$$\begin{aligned} {}_kF^{\gamma,1}_{\alpha,\beta+k}(z^k) &= z^{\frac{\beta}{k}} \sum_{n=0}^{\infty} \frac{(\gamma)_{n,k}}{\Gamma_k(\alpha n + \beta + k) n!} z^{\frac{\alpha}{k} n} \\ &= z^{\frac{\beta}{k}} E^{\gamma}_{k,\alpha,\beta+k}(z^{\frac{\alpha}{k}}) \end{aligned} \tag{7.5}$$

donde $E^{\gamma}_{k,\alpha,\beta+k}(z^{\frac{\alpha}{k}})$ es la función k-Mittag-Leffler dada por (3.19).

4. Si $\beta = \alpha - k$, $\beta > 0$

$${}_kF^{\gamma,\eta}_{\alpha,\alpha-k+k}(z) = z^{\frac{\alpha}{k}-1} \sum_{n=0}^{\infty} \frac{(\gamma)_{n,k}}{\Gamma_k(\alpha(n+1)) n!} (\eta z^{\frac{\alpha}{k}})^n, \tag{7.6}$$

entonces

$${}_kF^{\gamma,\eta}_{\alpha,\alpha-k+k}(z) = z^{\frac{\alpha}{k}-1} E^{\gamma}_{k,\alpha,\alpha}(\eta z^{\frac{\alpha}{k}}) = {}_ke^{\eta z}_{\gamma,\alpha}, \tag{7.7}$$

donde ${}_ke^{z}_{\gamma,\alpha}$ denota la función k-α-Exponencial definida en [33]. Entonces

$${}_kF^{\gamma,\eta}_{\alpha,(\alpha-k)+k}(z) = {}_ke^{\eta z}_{\gamma,\alpha}. \tag{7.8}$$

5. Considerando la función ${}_kF^{\gamma,\eta}_{\alpha,\beta+k}(z)$ y agrupando los términos de acuerdo con la paridad del índice de sumación se tiene

$$\begin{aligned} {}_kF^{\gamma,\eta}_{\alpha,\beta+k}(z) &= \sum_{n=0}^{\infty} \frac{(\gamma)_{n,k}\, \eta^n}{\Gamma_k(\alpha n + \beta + k) n!} z^{\frac{\alpha}{k} n + \frac{\beta}{k}} \\ &= z^{\frac{\beta}{k}} \sum_{n=0}^{\infty} \frac{(\gamma)_{2n,k}\, \eta^{2n} z^{\frac{\alpha}{k} 2n}}{\Gamma_k(\alpha 2n + \beta + k)(2n)!} \\ &+ z^{\frac{\beta}{k}} \sum_{n=0}^{\infty} \frac{(\gamma)_{2n+1,k}\, \eta^{2n+1} z^{\frac{\alpha}{k}(2n+1)}}{\Gamma_k(\alpha(2n+1) + \beta + k)(2n+1)!}. \end{aligned} \tag{7.9}$$

Entonces puede escribirse

$${}_kF^{\gamma,\eta}_{\alpha,\beta+k}(z) = z^{\frac{\beta}{k}} \{ {}_kC^{\gamma,\eta}_{\alpha,\beta+k}(z) + {}_kS^{\gamma,\eta}_{\alpha,\beta+k}(z) \} \tag{7.10}$$

donde

$${}_kC^{\gamma,\eta}_{\alpha,\beta+k}(z) = \sum_{n=0}^{\infty} \frac{(\gamma)_{2n,k}\, \eta^{2n} z^{\frac{\alpha}{k} 2n}}{\Gamma_k(\alpha 2n + \beta + k)(2n)!} \tag{7.11}$$

y

$$ {}_kS^{\gamma,\eta}_{\alpha,\beta+k}(z)=\sum_{n=0}^{\infty}\frac{(\gamma)_{2n+1,k}\,\eta^{2n+1}z^{\frac{\alpha}{k}(2n+1)}}{\Gamma_k(\alpha(2n+1)+\beta+k)(2n+1)!}. \tag{7.12} $$

Eligiendo $\beta=\alpha-k$, se tiene

$$ \begin{aligned} {}_kC^{\gamma,\eta}_{\alpha,\alpha}(z) &= \sum_{n=0}^{\infty}\frac{(\gamma)_{2n,k}\,\eta^{2n}z^{\frac{\alpha}{k}2n}}{\Gamma_k(\alpha 2n+\alpha)(2n)!} \\ &= \sum_{n=0}^{\infty}\frac{(\gamma)_{2n,k}\,\eta^{2n}z^{\frac{\alpha}{k}2n}}{\Gamma_k(\alpha(2n+1))(2n)!} \end{aligned} \tag{7.13} $$

y si $\gamma=1$, $\eta=1$, $\alpha=1=k$ resulta

$$ {}_1C^{1,1}_{1,1}(z)=\sum_{n=0}^{\infty}\frac{z^{2n}}{\Gamma(2n+1)}=\cosh(z). \tag{7.14} $$

Si $\eta=i\nu$, $\gamma=1$, $\nu>0$, $\alpha=k=1$, de (7.13) se obtiene

$$ {}_1C^{1,i\nu}_{1,1}(z)=\sum_{n=0}^{\infty}\frac{(-1)^n\nu^{2n}z^{2n}}{(2n)!}=\cos(\nu z). \tag{7.15} $$

Debido a las expresiones (7.13), (7.14) y (7.15), se designa a la función ${}_kC^{\gamma,\eta}_{\alpha,\beta+k}(z)$ como **coseno η-hiperbólico de orden α y clase $(\beta+k)$**.

Análogamente, haciendo en (7.12) la siguiente elección de parámetros, se tiene:

Si $\beta=\alpha-k$, entonces

$$ {}_kS^{\gamma,\eta}_{\alpha,\alpha}(z)=\sum_{n=0}^{\infty}\frac{(\gamma)_{2n+1,k}\,\eta^{2n+1}z^{\frac{\alpha}{k}(2n+1)}}{\Gamma_k(\alpha(2n+2))(2n+1)!} \tag{7.16} $$

y si $\gamma=\eta=\alpha=k=1$,

$$ {}_1S^{1,1}_{1,1}(z)=\sum_{n=0}^{\infty}\frac{z^{(2n+1)}}{(2n+1)!}=\sinh(z). \tag{7.17} $$

Y, si $\eta = i\nu$, $\nu > 0$, $\gamma = \alpha = k = 1$,

$$ {}_1S_{1,1}^{1,i\nu}(z) = i\sum_{n=0}^{\infty} \frac{(-1)^n \nu^{2n+1} z^{2n+1}}{(2n+1)!} = i\sin(\nu z). \tag{7.18}$$

Si en (7.16) tomamos $\eta = -1$, y $\gamma = \alpha = k = 1$, resulta

$$ {}_1S_{1,1}^{1,-1}(z) = -\sinh(z). \tag{7.19}$$

Debido a (7.17), (7.18) y (7.19), se define ${}_kS_{\alpha,\beta+k}^{\gamma,\eta}(z)$ como la función **seno η-hiperbólico de orden α y clase $(\beta+k)$**. De (7.10), cuando $\beta = \alpha - k > 0$, puede escribirse

$$ {}_kF_{\alpha,\alpha}^{\gamma,\eta}(z) = z^{\frac{\alpha}{k}-1}\{{}_kC_{\alpha,\alpha}^{\gamma,\eta}(z) +_k S_{\alpha,\alpha}^{\gamma,\eta}(z)\} \tag{7.20}$$

y cuando $\alpha = k = \gamma = 1$:

$$ e^{\eta z} =_1 F_{1,1}^{\gamma,\eta}(z) = \cosh(\eta z) + \sinh(\eta z). \tag{7.21}$$

Por consideraciones análogas a las del Teorema 1 de [51], puede demostrarse que la función k-η-Hiperbólica es una función entera. Luego se puede enunciar el siguiente

Teorema 9 *La función k-η-Hiperbólica ${}_kF_{\alpha,\beta+k}^{\gamma,\eta}(z)$ definida por (7.2) es una función entera en $\mathbb{C}$.*

Lema 24 *Sean α, γ, k números reales positivos, $\beta \geq 0$, $\eta \in \mathbb{C}$ y $z \in \mathbb{C} \setminus \{0\}$. Entonces*

$$ \frac{d}{dz}\left({}_kF_{\alpha,\beta+k}^{\gamma,\eta}(z)\right) = \frac{\beta}{k} z^{-1}{}_kF_{\alpha,\beta+k}^{\gamma,\eta}(z) + \frac{\alpha}{k}\,\gamma_k F_{\alpha,\alpha+\beta+k}^{\gamma+k,\eta}(z). \tag{7.22}$$

Demostración:

$$\begin{aligned}
\frac{d}{dz}\left({}_kF_{\alpha,\beta+k}^{\gamma,\eta}(z)\right) &= \frac{d}{dz}\left(z^{\frac{\beta}{k}} E_{k,\alpha,\beta+k}^{\gamma}(\eta z^{\frac{\alpha}{k}}\right) = \\
&= \frac{\beta}{k} z^{\frac{\beta}{k}-1} E_{k,\alpha,\beta+k}^{\gamma}\left(\eta z^{\frac{\alpha}{k}}\right) + z^{\frac{\beta}{k}} \frac{d}{dz}\left(E_{k,\alpha,\beta+k}^{\gamma}\left(\eta z^{\frac{\alpha}{k}}\right)\right) = \\
&= \frac{\beta}{k} z^{-1} z^{\frac{\beta}{k}} E_{k,\alpha,\beta+k}^{\gamma}\left(\eta z^{\frac{\alpha}{k}}\right) + \frac{\alpha}{k}(\gamma)_{1,k}\, z^{\frac{\beta}{k}} E_{k,\alpha,\alpha+\beta+k}^{\gamma+k,\eta}\left(z^{\frac{\alpha}{k}}\right) = \\
&= \frac{\beta}{k} z^{-1}{}_kF_{\alpha,\beta+k}^{\gamma,\eta}(z) + \frac{\alpha}{k}\,(\gamma)_{1,k}\, {}_kF_{\alpha,\alpha+\beta+k}^{\gamma+k,\eta}(z).
\end{aligned} \tag{7.23}$$

□

7.0.6. Transformada de Laplace de las funciones k-η-Hiperbólicas

Comenzaremos reescribiendo ${}_kF^{\gamma,\eta}_{k,\alpha,\beta+k}(z)$ en términos de la función de Mittag-Leffler de tres parámetros.

De la definición (7.2) y las relaciones

$$(\gamma)_{n,k} = k^n \left(\frac{\gamma}{k}\right)_n \tag{7.24}$$

y

$$\Gamma_k(\gamma) = k^{\frac{\gamma}{k}-1}\Gamma\left(\frac{\gamma}{k}\right), \tag{7.25}$$

puede escribirse

$$\begin{aligned} {}_kF^{\gamma,\eta}_{\alpha,\beta+k}(z) &= \sum_{n=0}^{\infty} \frac{k^n \left(\frac{\gamma}{k}\right)_n \eta^n}{k^{\frac{\alpha n+\beta}{k}}\Gamma\left(\frac{\alpha n+\beta}{k}+1\right) n!} z^{\frac{\alpha}{k}n+\frac{\beta}{k}} \\ &= k^{-\frac{\beta}{k}} z^{\frac{\beta}{k}} \sum_{n=0}^{\infty} \frac{\left(\frac{\gamma}{k}\right)_n \left(k^{-\frac{\alpha}{k}}\eta z^{\frac{\alpha}{k}}\right)^n}{\Gamma\left(\frac{\alpha}{k}n+\frac{\beta}{k}+1\right) n!} \end{aligned} \tag{7.26}$$

es decir

$${}_kF^{\gamma,\eta}_{\alpha,\beta+k}(z) = \left(\frac{z}{k}\right)^{\frac{\beta}{k}} {}_kE^{\frac{\gamma}{k}}_{\frac{\alpha}{k},\frac{\beta}{k}+1}\left(\eta\left(\frac{z}{k}\right)^{\frac{\alpha}{k}}\right). \tag{7.27}$$

Lema 25 *La Transformada de Laplace de* ${}_kF^{\gamma,\eta}_{\alpha,\beta+k}(z)$ *es*

$$\mathcal{L}\{{}_kF^{\gamma,\eta}_{\alpha,\beta+k}(z)\}(s) = \frac{s^{-1}}{(ks)^{\frac{\beta}{k}}} \frac{1}{\left(1-\eta\left(\frac{1}{ks}\right)^{\frac{\alpha}{k}}\right)^{\frac{\gamma}{k}}}. \tag{7.28}$$

Demostración: Teniendo en cuenta la fórmula (11.8) de [21] mediante apropiadas sustituciones se tiene (7.28). □

Casos particulares.

1. Si $\alpha = \gamma = \eta = k = 1$, y $\beta = 0$

$$\mathcal{L}\{{}_1F^{1,1}_{1,1}(z)\}(s) = \frac{1}{s}\frac{1}{\left(1-\frac{1}{s}\right)} = \frac{1}{s-1}; \tag{7.29}$$

que concuerda con

$$ {}_1F_{1,1}^{1,1}(z) = \sum_{n=0}^{\infty} \frac{z^n}{\Gamma(n+1)} = e^z \tag{7.30} $$

y

$$ \mathcal{L}\{e^z\}(s) = \frac{1}{s-1}. \tag{7.31} $$

2. Si $\alpha = 2,\ \beta = 1;\ \gamma = \eta = k = 1$

$$ \mathcal{L}\{{}_1F_{2,2}^{1,1}(z)\}(s) = \frac{1}{s^2} \frac{1}{\left(1 - \frac{1}{s^2}\right)} = \frac{1}{s^2 - 1}; \tag{7.32} $$

y sabemos que

$$ {}_1F_{2,2}^{1,1}(z) = \sum_{n=0}^{\infty} \frac{z^{2n+1}}{\Gamma(2n+2)} = \sinh(z). \tag{7.33} $$

Luego

$$ \mathcal{L}\{\sinh(z)\}(s) = \frac{1}{s^2-1}. \tag{7.34} $$

3. Si $\alpha = 2,\ \beta = 0,\ \gamma = \eta = k = 1$

$$ \mathcal{L}\{{}_1F_{2,1}^{1,1}(z)\}(s) = \mathcal{L}\{\cosh(z)\}(s) = \frac{s}{s^2-1}. \tag{7.35} $$

4. Si $\alpha = 2,\quad \beta = 0,\ \gamma = k = 1, \eta = -1$

$$ \mathcal{L}\{z^{-1}{}_1F_{2,1}^{1,-1}(z)\}(s) = \mathcal{L}\{\cos(z)\}(s) = \frac{s}{s^2+1}. \tag{7.36} $$

5. Si $\alpha = 2,\ \beta = 1\ \ \gamma = k = 1,$ y $\eta = -1$

$$ \mathcal{L}\{{}_1F_{2,2}^{1,-1}(z)\}(s) = \mathcal{L}\{\sin(z)\}(s) = \frac{1}{s^2+1}. \tag{7.37} $$

En lo que sigue mostraremos el comportamiento de la función k-η-Hiperbólica por la acción de los operadores fraccionarios de Riemann-Liouville.

Teorema 10 *Sea I^μ la integral fraccionaria de Riemann-Liouville (1.87). Entonces vale*

$$I^\mu\left({}_kF^{\gamma,\eta}_{\alpha,\beta+k}(z)\right)(t) = \left(\frac{t}{k}\right)^\mu {}_kF^{\gamma,\eta}_{\alpha,\beta+k+\mu k}(t). \tag{7.38}$$

<u>*Demostración:*</u> Teniendo en cuenta (7.27), y aplicando la fórmula (11.11) del Teorema 11.3, de [21], resulta

$$\begin{aligned} I^\mu\left[{}_kF^{\gamma,\eta}_{\alpha,\beta+k}(z)\right](t) &= \left(\frac{t}{k}\right)^{\frac{\beta}{k}+\mu} E^{\frac{\gamma}{k}}_{\frac{\alpha}{k},\frac{\beta}{k}+1+\mu}\left(\eta t^{\frac{\alpha}{k}}\right) \\ &= \left(\frac{t}{k}\right)^\mu {}_kF^{\gamma,\eta}_{\alpha,\beta+k+\mu k}(t) \end{aligned} \tag{7.39}$$

□

Teorema 11 *Sea D^μ la derivada fraccionaria de Riemann-Liouville definida por (1.96), vale*

$$D^\mu\left({}_kF^{\gamma,\eta}_{\alpha,\beta+k}(z)\right)(t) = \left(\frac{t}{k}\right)^{-\mu} {}_kF^{\gamma,\eta}_{\alpha,\beta+k-\mu k}(t) \tag{7.40}$$

<u>*Demostración:*</u> Análogamente a lo hecho en el Teorema previo y aplicando la fórmula (11.13) del Teorema 11.3 de [21] se tiene

$$\begin{aligned} D^\mu\left[{}_kF^{\gamma,\eta}_{\alpha,\beta+k}(z)\right](t) &= \left(\frac{t}{k}\right)^{\frac{\beta}{k}-\mu} E^{\frac{\gamma}{k}}_{\frac{\alpha}{k},\frac{\beta}{k}+1-\mu}\left(\eta t^{\frac{\alpha}{k}}\right) \\ &= \left(\frac{t}{k}\right)^{-\mu} {}_kF^{\gamma,\eta}_{\alpha,\beta+k-\mu k}(t) \end{aligned} \tag{7.41}$$

□

<u>**Ejemplo**</u>: Si $\alpha = 2$, $\beta = 1$ $\gamma = k = 1$, $\eta = -1$, y $\mu = \frac{\alpha}{k} = 2$ we have

$$\begin{aligned} D^2\left[{}_1F^{1,-1}_{2,2}(z)\right](t) &= D^2\left[\sum_{n=0}^{\infty}\frac{(-1)^n z^{2n+1}}{\Gamma(2n+2)}\right](t) \\ &= D^2\left[\sin(z)\right](t) \\ &= t^{-2}{}_1F^{1,-1}_{2,0}(t). \end{aligned} \tag{7.42}$$

Por otra parte, de (7.27) se tiene

$$\begin{aligned}
t^{-2}{}_1F_{2,0}^{1,-1}(t) &= t^{1-2}E_{2,1+1-2}^{1}(-t^2)\\
&= t^{-1}\sum_{n=0}^{\infty}\frac{(-1)^n t^{2n}}{\Gamma(2n-1+1)}\\
&= -\sum_{n=0}^{\infty}\frac{(-1)^n t^{2n+1}}{(2n+1)!}\\
&= -\sin t. \qquad (7.43)
\end{aligned}$$

◇

Bibliografía

[1] Artin, E. *The Gamma function*. Holt, Rinehart and Winston. 1964.

[2] Ávalos Rodriguez, J.*The Miller-Ross function and Mittag-Leffler function (Notes), Soft Jar–Mathematical Notes.* 2009.

[3] Bell, W. W. *Special functions for Scientists and Engineers*. Dover Publications. 2004.

[4] Bonillla, B; Rivero, M. and Trujillo, J. *Linear Differential Equations as alternative models to nonlinear differential equations*. Applied Mathematics and Computation. 187. 2007.

[5] Bonillla, B; Rivero, M. and Trujillo, J. *Linear Differential Equations of fractional order*. J. Sabatier et al. (eds.), Advances in Fractional Calculus: Theoretical Developments and Applications in Physics and Engineering. Springer. (2007).

[6] Cerutti, R. A.; Luque, L. L. *k-Trigonometric functions*. Int. J. Contemp. Math. Sciences 9 N°12 2014.

[7] Cerutti, R. *On the k-Bessel Functions*. International Mathematical Forum, Vol. 7, no. 38, 1851 - 1857, 2012.

[8] Chaudry, M. A.; Zubair, S. *On a class of incomplete Gamma functions with applications*. Chapman and Hall / CRC. 2002.

[9] Chaudry, M. A.; Zubair, S. .*Generalized incomplete Gamma functions with applications*. Journal of Comp. and Applied Math. 55. 1994.

[10] Das, S. *Functional Fractional Calculus*. Springer, 2011.

[11] Davis, Ph. .*Leonhard Euler's integral: a historical profile of the Gamma function*. The American Mathematical Monthly. Vol. 66. N°10.(1959).

[12] Debnath, L. *Recent applications of fractional calculus to science and engineerin*. Int. Journal of Math. and Math. Sciences. Issue 54. 2003.

[13] Dettman, J. *Applied Complex Variables*. Dover Publications, INC. New York. 1970.

[14] Dhakar V.; Sharma K. *On a recurrence relation of k-Mittag-Leffler function* Commun. Korean Math. Soc. 28. 2013.

[15] Díaz, E.; Pariguan, E. *On hypergeometric functions and k-Pochhammer symbol*. Divulgaciones Matemáticas Vol.15 2. 2007.

[16] Dorrego, G.A.; Cerutti, R.A. *The k-Mittag-Leffler function*. Int. J. Contemp. Math. Sciences. 7 N°15 2012.

[17] Dorrego, G. A.*An alternative definition for the k-Riemann-Liouville fractional derivative*. Applied Mathematical Sciences. 9 N°10 2015.

[18] Figueiredo Camargo, R.; Bruno-Alfonso, A. *Equacao Logistica Fracionaria*. Anais do Congreso de Matematica Aplicada e Computacional. CMAC Nordeste. Brasil. 2012.

[19] Garra, R.; Gorenflo, R.; Polito, F.; Tomovski, Z.. *Hilfer-Prabhakar derivative and some applications*. Appl. Math.Comput. 242, 576-589 (2014).

[20] Gelfand, I.; Shilov, G. *Generalized functions*. Vol.1. Academic Press. 1964.

[21] Haubold, H.J.; Mathai, A.M.; Saxena, R.K. *Mittag-Leffler Functions and Their Applications*, Journal of Applied Mathematics, vol. 2011, Article ID 298628, 51 pages, 2011.

[22] Hilfer, R. *Threefold Introduccion to fractional derivatives. Anomalous transport: Foundation and applications*. 2008.

[23] Hilfer, R. *Applications of Fractional Calculus in Physics.* World Scientific Publishing Co. Pte. Ltd. 2000.

[24] Kilbas, A.; Saigo M.; Saxena,R. *Solution of Volterra integro-differential equations with generalized Mittag-Leffler function in the kernels.* J. Int. Equ. Appl. 14, 377 - 396 (2002).

[25] Kilbas A., Saigo N. and Saxena R. K.*Generalized Mittag-Leffler function and generalized fractional calculus operators* Int. Transf. Spec. Funct. 15, 31 - 49 (2004).

[26] Kilbas,A.; Srivastava, H.; Trujillo, J. *Theory and Applications of Fractional Differential Equations.* Elsevier. 2006.

[27] Kokologiannaki, Ch. *Propierties and Inequalities of generalized k-Gamma, Beta and Zeta Functions.* Int. J. Contemp. Math. Science, vol 5. 2010.

[28] Krasniqi, V. *A limit for the k-Gamma and k-Beta Function.* Int. Math. Forum, 5. N°33. 2010.

[29] Lagarias, J. C. *Euler's constant: Euler's work and modern developments.* arXiv:1303.1856v6[math.NT]. 2013

[30] Lebedev, N.N.; Silverman, R. *Special functions and their applications.* Dover Publications. 1972.

[31] Li, Ch.; Chen, Y. Q.; Kurths, J. *Fractional calculus and its applications.* Phil. Trasn. R. Soc. A. 2013.

[32] Loc, T. G.; Tai, T. D.*The generalized Gamma functions.* Acta Math. Vietnamica. Vol 37. N°2. 2012.

[33] Luque, L.; Cerutti, R. *The k-α Exponential Function.* Int. Journal of Math. Analysis, Vol. 7, N°11, 535 - 542. 2013.

[34] Mainardi, F. *Fractional Calculus and Waves in linear viscoelasticity: An introduction to Math. Model.* Imperial College Press. 2010.

[35] Mansour, M. *Determinig the k-generalized Gamma Function $\Gamma(x)$ by Functional Equations.* Int. J. Contemp. Math. Science. Vol 4. N°21. 2009.

[36] Miller, K. ;Ross, B. *An Introduction to the Fractional Calculus and Fractional Differential Equations.* John Willey. 1993.

[37] Mubeen, S.; Habibullah, G. M. *k-Fractional Integrals and Application.* Int. J. Contemp. Math, Science. Vol 7 N°2. 2012.

[38] Nagamani, S.*Generalized fractional hyperbolic functions.* Bulletin of the Marathwada Math. Society. Vol 15. N°1. 2014.

[39] Özergin, E.; Özarslan, M.; Altin, A.. *Extension of Gamma, Beta and Hypergeometric funcions.* Journal of Comp. and Appl. Math. 235. 2011.

[40] Parmar, R. K. *A new generalization of Gamma, Beta, Hypergeometric and Confluent Hypergeometric functions.* Le Matematiche. Vol. LXVIII. Fasc. II. 2013.

[41] Podlubny, I. *Fractional Differential Equations. An introduction to Fractional Derivatives.* Academic Press. 1999.

[42] Prabhakar, T. R. *A singular integral equation with a generalized Mittag-Leffler function in the kernel.* Yokohama Math. J., 19. 1971.

[43] Prajapati J.; Shukla, A. *Decomposition of Generalized Mittag-Leffler function and its properties.* Advances in Pure Math.. No. 2. 2012.

[44] Rogosin, S. *The Role of the Mittag-Leffler Function in Fractional Modeling.* Mathematics. Vol 3. 2015.

[45] Romero, G.; Cerutti, R. *Fractional Calculus of a k-Wright type function.* Int. Journal Contemp. Math. Sciences. Vol 7. N°31. 2012.

[46] Romero, G.; Luque, L.; Dorrego, G.;Cerutti, R. *On the k-Riemann-Liouville Fractional Derivative.* Int. J. Contemp. Math. Science, Vol 8, N°1, pp.41-51, 2013.

[47] Sakakisbara, S. *Fractional derivative models of damped oscillations.* www.kurims.Kyoto-u.ac.jp. 2004.

[48] Sarikaya, M. Z.; Karaca, A. *On the k-Riemann-Liouville fractional integral and applications.* Int. J. of Statistics and Mathematicas. Vol 13. 2014.

[49] Sarikaya M.; Dahmani Z.; Kiris M.; Ahmad F. *k, s-Riemann-Liouville fractional integral and application.* www.hjms.hacettepe.edu.tr.

[50] Soubhia, A.; Camargo, R. E.; De Olivera, E.; Vaz, J. *Theorem for series in the three-parametrer Mittag-Leffler function.* Fractional Calculus and Applied Analysis. Vol 13. N°1. (2010).

[51] Srivastava, H. M.; Tomosvki, Z. *Fractional calculus with an integral operator containing a generalized Mittag-Leffler function in the kernel.* Appl. Math. Comput. doi:10.1016/j.amc.2009.01.055.

[52] Srivastava, H. M.; Saxena, R. K. Operators of fractional integration and their applications, *App. Math. Comp.* 118, 1 - 52 (2001).

[53] Tenreiro Machado, J.; Kiryakova, V.; Mainaridi, F. *Recent history of fractional calculus.* Communications in Nonlinear Science and Numerical Simulation. 16(3).2011.

[54] Ungar, A. *Higher order α-Hyperbolic functions.* Indian J. Pure and Applied Math. 15. 3. 1984.

Glosario de Símbolos

$B(z,w)$	Función Beta
$B_k(z,w)$	Función k-Beta
$f * g$	Convolución clásica de f y g
${}_k\cos_\alpha(\lambda t)$	Función k-coseno
${}_j\cos_{k,\gamma,\alpha}(\lambda z)$	Función k-coseno generalizada
${}_k\mathfrak{D}^\alpha_{RL}$	k-derivada de Riemann-Liouville modificada
${}_k\mathbf{D}^\gamma_{\rho,\beta,\omega}$	k-derivada de Prabhakar
${}^{RL}D^\alpha_{t_0}$	Derivada fraccionaria de Riemann-Liouville de orden α
${}^{C}D^\alpha_{t_0}$	Derivada fraccionaria de Caputo de orden α
D^β_k	k-derivada fraccionaria de Riemann-Liouville de orden β
${}^kD^{\mu,\nu}f$	k-derivada fraccionaria de Hilfer
e^x	Función exponencial
$E_\alpha(z)$	Función de Mittag-Leffler de un parámetro
$E_{\alpha,\beta}(z)$	Función de Mittag-Leffler de dos parámetros

$e_{\alpha}^{\lambda z}$	Función α-exponencial
$E_{k,\alpha,\beta}^{\gamma}(z)$	Función k-Mittag-Leffler
${}_ke_{\gamma,\alpha}^{\lambda t}$	Función k-α-exponencial
${}_{k,j}\mathbb{E}^{\alpha,\gamma}(\nu,\lambda)$	Función k-α-Miller-Ross
$\mathcal{E}_j^{k,\gamma,\alpha}$	Función de tipo Mittag-Leffler de cuatro parámetros
$\mathcal{F}\left\{f\right\}(z)$	Transformada de Fourier de la función f
$F_{n,r}^{\alpha}$	Función α-hiperbólica
${}_kF_{\alpha,\beta+k}^{\gamma,n}$	Función k-η-hiperbólica
$\Gamma(z)$	Función Gamma
$\Gamma_p(z)$	Función Gamma p
$\Gamma_{t^k}(z)$	Función Gamma asociada a t^k
$\Gamma_p(\alpha,\beta,\gamma)$	Función Gamma generalizada de tres parámetros
$\Gamma_k(z)$	Función k-Gamma
$I_{a^+}^{\alpha}f(t)$	Integral fraccionaria de Riemann-Liouville de orden α
$I_k^{\alpha}f(t)$c	k-integral fraccionaria de Riemann-Liouville de orden α
$I_{k,\nu}^{\gamma,\lambda}f(t)$	k-función modificada de Bessel de especie γ y orden ν
$J_{\alpha}(t)$	Núcleo de Riemann-Liouville
$J_{\nu}(z)$	Función J de Bessel
$J_{k,\nu}^{\gamma,\lambda}(z)$	Función k-J de Bessel de orden ν

$K_{k,\nu}^{\gamma,\lambda}(z)$	función modificada de k-Bessel de tercera especie
$\mathcal{L}\{f\}(s)$	Transformada de Laplace de la función f
$n!$	factorial de n
${}_k\mathbf{P}_{\alpha,\beta,\omega}^{\gamma}\varphi$	k-operador de Prabhakar
$(z)_n$	Símbolo de Pochhammer
$(z)_{n,k}$	k-símbolo de Pochhammer
${}_k\sin_\alpha(\lambda t)$	Función k-seno
${}_j\sin_{k,\gamma,\alpha}(\lambda z)$	Función k-seno generalizada
$W_{k,\lambda,\nu+1}^{\gamma}(z)$	función de k-Wright

La presente edición de
"Cálculo Fraccionario y *k*-Funciones Especiales"
se terminó de imprimir en el mes de Noviembre de 2020 en Universitas. Pje. España 1467. Córdoba.
Te: 54-351-4680913.
e-mail:
editorialuniversitas@yahoo.com.ar

Impreso en Argentina

UNIVERSITAS
Editorial
Científica
Universitaria
CÓRDOBA

www.ingramcontent.com/pod-product-compliance
Ingram Content Group UK Ltd.
Pitfield, Milton Keynes, MK11 3LW, UK
UKHW061829190726
13853UKWH00009B/2524

9 789874 029133